本书由中央高校基本科研业务费专项基金（项目批准号： 2662020LXPY009）资助出版

机器学习中的优化算法

熊慧娟　编著

WUHAN UNIVERSITY PRESS
武汉大学出版社

图书在版编目(CIP)数据

机器学习中的优化算法/熊慧娟编著 .—武汉：武汉大学出版社，2023. 12

ISBN 978-7-307-23995-1

Ⅰ.机… Ⅱ.熊… Ⅲ. 机器学习—最优化算法 Ⅳ.TP181

中国国家版本馆 CIP 数据核字(2023)第 176882 号

责任编辑：任仕元　　责任校对：汪欣怡　　版式设计：马　佳

出版发行：**武汉大学出版社**　(430072　武昌　珞珈山)

(电子邮箱：cbs22@ whu.edu.cn 网址：www.wdp.com.cn)

印刷：武汉图物印刷有限公司

开本：787×1092　1/16　印张：6.5　字数：126 千字　插页：1

版次：2023 年 12 月第 1 版　2023 年 12 月第 1 次印刷

ISBN 978-7-307-23995-1　定价：30.00 元

前　　言

机器学习是研究怎样使用计算机模拟或实现人类学习活动的科学。随着计算机技术的不断发展，海量数据不断涌现。在大数据环境下，机器学习的研究主要集中在如何有效利用信息，从海量数据中获取隐藏的、有效的、可理解的知识。由此，引申出了有监督学习、无监督学习、半监督学习、强化学习等众多机器学习算法。而大多数的机器学习算法，最后一般都归结为求函数的最值，即求最优化问题。因此，最优化的理论及方法在机器学习算法的设计和分析中占据中心地位。

随着机器学习热潮的兴起，对机器学习中的专门优化算法的研究也成为数值优化及相关领域的学者们的研究热点。很多学者在这个领域做了很多突破性的工作，涌现出了一批介绍机器学习的优化算法的经典著作，比如，Suvrit Sra，Sebastian Nowozin 和 Stephen J. Wright 编著的《*Optimization for Machine Learning*》，蓝光辉所著的《*First-order and Stochastic Optimization Methods for Machine Learning*》，林宙辰、李欢和方聪所著的《机器学习中的加速一阶优化方法》等。相关著作给机器学习领域的研究人员提供了很好的参考借鉴，但对于基础相对薄弱的本科学生来说，阅读这类书籍还稍显吃力。

编写本书的初衷，是因为要面向无数值优化基础但又需要使用机器学习相关算法工具的高年级本科生及研究生开设“机器学习中的优化方法”课程，希望能给他们提供一本可接受的教材。本书内容包括绪论、无约束优化模型、约束优化模型和其他规划模型 4 章，分别介绍优化算法研究所需的预备知识、无约束机器学习模型的一阶和二阶算法、约束机器学习模型的投影梯度、条件梯度、原-对偶内点及交替方向乘子法、DC 规划、Minimax 规划和双层规划的相关模型和算法。由于编者水平和精力所限，学习模型中的半定规划和带 PDE 约束的优化模型等模型、坐标下降算法、同伦算法和零阶算法等没有囊括进来，现有内容也可能还存在一些不妥甚至错误，希望读者给予批评指正。

本书的出版得到了中央高校基本科研业务费专项基金（No. 2662020LXPY009）的资助，得到了华中农业大学信息学院数学与统计学系老师们的鼓励和帮助，大连理工大学数学科学学院杨莉副教授、山西师范大学数学与计算机科学学院周正勇教授和华东交通大学理学院肖瑜副教授对本书的编写给予了宝贵的帮助和建议，武汉大学出版社相关工作人员为本书的出版也付出了辛勤的劳动，在此一并表示诚挚的谢意。

编　者

2023 年 6 月

目　录

第 1 章　绪　　论

本章主要介绍学习本书所需的一些预备知识，如范数、梯度及海赛阵等基本概念，凸分析相关概念及结论，最优化的基本理论，算法的收敛性及收敛速度的讨论等. 相关内容参阅[73][85][91][98][143][117][102][104]等文献.

1.1　向量和矩阵范数

在算法的收敛性分析中，经常需要讨论迭代点序列与问题的解点的距离是否趋于零以及趋于零的速度，为此经常需要用到向量空间度量距离的一个概念——范数.

记 $\mathbb{R}^n$ 为 n 维向量空间，$\mathbb{R}^{m\times n}$ 为全体 $m\times n$ 阶实矩阵组成的线性空间. 在这两个空间中，可以对向量和矩阵的范数作如下定义：

定义 1.1.1　称非负函数 $\|\cdot\|$ 为一个向量范数，如果对于任意向量 $\boldsymbol{x}\in\mathbb{R}^n$，$\|\cdot\|$ 满足如下条件：

(1) $\|\boldsymbol{x}\|\geqslant 0$，$\|\boldsymbol{x}\|=0\Leftrightarrow \boldsymbol{x}=\boldsymbol{0}$；

(2) $\|\alpha\boldsymbol{x}\|=|\alpha|\,\|\boldsymbol{x}\|$，$\forall\,\alpha\in\mathbb{R}$；

(3) $\|\boldsymbol{x}+\boldsymbol{y}\|\leqslant\|\boldsymbol{x}\|+\|\boldsymbol{y}\|$.

对于 $\boldsymbol{x}=(x_1,\cdots,x_n)^{\mathrm{T}}$，有如下几种常用的范数：

1 - 范数：$\|\boldsymbol{x}\|_1=\sum\limits_{i=1}^{n}|x_i|$；

2 - 范数：$\|\boldsymbol{x}\|_2=\left(\sum\limits_{i=1}^{n}x_i^2\right)^{\frac{1}{2}}$；

∞ - 范数：$\|\boldsymbol{x}\|_\infty=\max\limits_{0\leqslant i\leqslant n}\{|x_i|\}$；

p - 范数：$\|\boldsymbol{x}\|_p=\left(\sum\limits_{i=1}^{n}|x_i|^p\right)^{\frac{1}{p}}$.

不难看出，2- 范数即为通常意义下 $\boldsymbol{x}$ 到原点的欧氏距离. p- 范数可以看成前三种范数

的推广. 当$p=1, 2$时，$\|\boldsymbol{x}\|_p$即为1-范数和2-范数，$\|\boldsymbol{x}\|_\infty=\lim\limits_{p\to+\infty}\|\boldsymbol{x}\|_p$. 后面我们在介绍凸集时，可以发现：当$p>1$时，$p$范数意义下的单位球都是凸集.

在二维平面上，三种常用范数定义下的单位向量$\boldsymbol{x}$(即：$\|\boldsymbol{x}\|_p=1(p=1, 2, \infty)$)可以用图 1.1 表示.

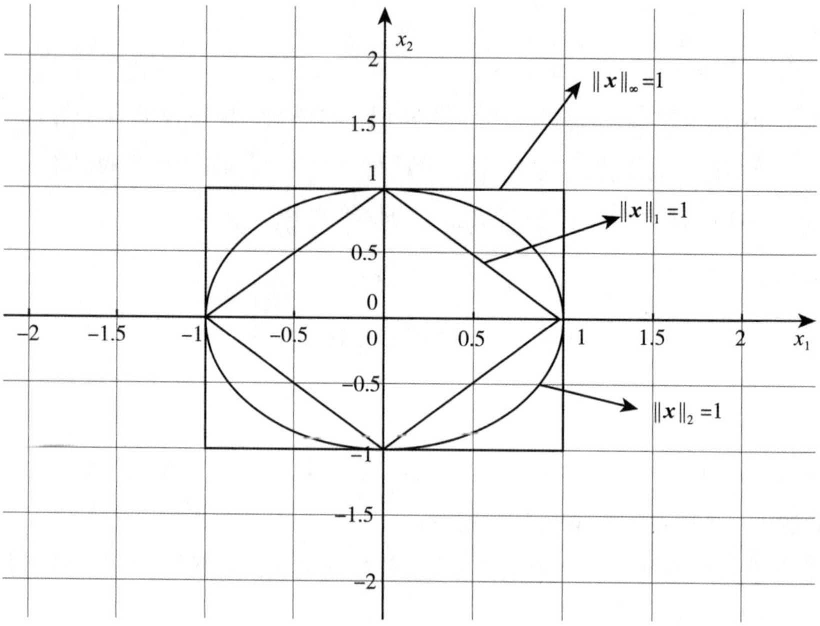

图 1.1　不同范数定义下的单位向量图示

类似于向量范数的定义，再补充一个关于矩阵乘法的相容性质，可以定义矩阵范数：

定义 1.1.2　给定一个实矩阵空间$\mathbb{R}^{m\times n}$，称非负函数$\|\boldsymbol{A}\|:\mathbb{R}^{m\times n}\to\mathbb{R}_+$为矩阵$\boldsymbol{A}$的广义矩阵范数，如果对所有的$\boldsymbol{A}, \boldsymbol{B}\in\mathbb{R}^{m\times n}$，满足：

(1)(非负性)$\|\boldsymbol{A}\|\geqslant 0$，$\|\boldsymbol{A}\|=0\Leftrightarrow\boldsymbol{A}=\boldsymbol{0}$;

(2)(正齐次性)$\|\alpha\boldsymbol{A}\|=|\alpha|\,\|\boldsymbol{A}\|$，$\forall\alpha\in\mathbb{R}$;

(3)(三角不等式)$\|\boldsymbol{A}+\boldsymbol{B}\|\leqslant\|\boldsymbol{A}\|+\|\boldsymbol{B}\|$;

如果对$\mathbb{R}^{m\times n}$，$\mathbb{R}^{m\times l}$及$\mathbb{R}^{n\times l}$上的同类广义矩阵范数$\|\cdot\|$，还有：

(4)(相容性)$\|\boldsymbol{AC}\|\leqslant\|\boldsymbol{A}\|\,\|\boldsymbol{C}\|$，$\forall\boldsymbol{C}\in\mathbb{R}^{n\times l}$,

则称$\|\boldsymbol{A}\|$为$\boldsymbol{A}$的矩阵范数.

在实际应用中，我们经常遇到的是方阵，即：$m=n$. 因此，如果不专门指出，我们后面一般默认$m=n$.

按矩阵范数定义 1.1.2，有常用的 Frobenious 范数：

$$\|A\|_F = \left(\sum_{i=1}^{n}\sum_{j=1}^{n} a_{ij}^2\right)^{\frac{1}{2}} = \sqrt{\mathrm{tr}(A^{\mathrm{T}}A)},$$

其中，$\mathrm{tr}(A^{\mathrm{T}}A)$ 表示矩阵 $A^{\mathrm{T}}A$ 的迹(即矩阵的主对角线上的元素之和).

由于在大多数实际问题中，矩阵和向量会同时参与讨论，因此希望引入一种矩阵范数，使其与向量范数联系起来，如果存在一个矩阵范数 $\|\cdot\|_{\mu}$，相对于向量范数，满足不等式：

$$\|Ax\| \leqslant \|A\|_{\mu}\|x\|, \ \forall A \in \mathbb{R}^{n\times n}, \ x \in \mathbb{R}^n,$$

则称矩阵范数和向量范数相容. 为此，可再定义一种矩阵范数：

定义 1.1.3 设 $x \in \mathbb{R}^n$, $A \in \mathbb{R}^{n\times n}$，给出一种向量范数 $\|x\|_{\mu}(\mu = 1, 2, \infty$ 等)，相应地定义一个矩阵的非负函数

$$\|A\|_{\mu} = \max_{\|x\|_{\mu}=1} \|Ax\|_{\mu},$$

则称 $\|A\|_{\mu}$ 是由向量范数 $\|x\|_{\mu}$ 诱导出来的算子范数，简称算子范数或从属范数. 此时，向量范数和算子范数常采用相同的符号.

不难验证，从属于向量范数 $\|x\|_{\mu}(\mu = 1, 2, \infty)$ 的矩阵范数分别为：

$$\|A\|_1 = \max_{1\leqslant j\leqslant n}\sum_{i=1}^{n}|a_{ij}|,$$

$$\|A\|_2 = \max\{\sqrt{\lambda}: \lambda \in \lambda(A^{\mathrm{T}}A)\},$$

$$\|A\|_{\infty} = \max_{1\leqslant i\leqslant n}\sum_{j=1}^{n}|a_{ij}|,$$

它们分别称为列范数、谱范数、行范数.

下面，我们可以定义向量序列及矩阵序列的收敛性.

定义 1.1.4 设向量序列 $\{x^{(k)}\} \subset \mathbb{R}^n$, $x^{(k)} = (x_1^{(k)}, \cdots, x_n^{(k)})^{\mathrm{T}}$，如果存在 $x^* = (x_1^*, \cdots, x_n^*)^{\mathrm{T}} \in \mathbb{R}^n$，使得

$$\lim x_i^{(k)} = x_i^*, \ i = 1, \cdots, n,$$

则称向量序列 $\{x^{(k)}\}$ 收敛于 x^*，记作 $\lim\limits_{k\to+\infty} x^{(k)} = x^*$.

定义 1.1.5 设矩阵序列 $\{A^{(k)} = (a_{ij}^{(k)})\} \subset \mathbb{R}^{m\times n}$ 以及 $A^* = (a_{ij}^*) \in \mathbb{R}^{m\times n}$，使得

$$\lim a_{ij}^{(k)} = a_{ij}^*, \quad i = 1, \cdots, m, \quad j = 1, \cdots, n,$$

则称序列 $\{A^{(k)}\}$ 收敛于 A^*，记作 $\lim\limits_{k\to+\infty} A^{(k)} = A^*$.

基于范数概念，不难验证：

$$\lim_{k\to+\infty} x^{(k)} = x^* \Leftrightarrow \lim_{k\to+\infty}\|x^{(k)} - x^*\| = 0.$$

$$\lim_{k\to+\infty} A^{(k)} = A^* \Leftrightarrow \lim_{k\to+\infty}\|A^{(k)} - A^*\| = 0.$$

1.2　多元函数分析

在最优化问题或机器学习相关模型的算法讨论中，常需要讨论多元函数的可微性. 而研究一元函数可微及二阶可微性质需要用到导数及二阶导数，这些概念推广到多元函数，就引申出了梯度和海赛矩阵等概念. 本小节主要介绍后面需要用到的多元函数的梯度和Hesse 阵，以及多元函数的泰勒展开式.

定义 1.2.1　设有 n 元函数 $f(\boldsymbol{x})$，其中，自变量 $\boldsymbol{x}=(x_1,\cdots,x_n)^{\mathrm{T}}\in\mathbb{R}^n$，若极限

$$\lim_{h\to 0}\frac{f(x_1,\cdots,x_i+h,\cdots,x_n)-f(x_1,\cdots,x_i,\cdots,x_n)}{h}$$

存在，则称 n 元函数 $f(\boldsymbol{x})$ 关于 $\boldsymbol{x}_i$ 的偏导数存在，记为 $\dfrac{\partial f}{\partial x_i}$. 若 $\dfrac{\partial f}{\partial x_i}$ 关于 x_j 的偏导数仍存在，则称 n 元函数 $f(\boldsymbol{x})$ 关于 x_i、x_j 的二阶偏导数存在，记为 $\dfrac{\partial^2 f}{\partial x_i\partial x_j}=\dfrac{\partial}{\partial x_j}\left(\dfrac{\partial f}{\partial x_i}\right)$.

定义 1.2.2　设有 n 元函数 $f(\boldsymbol{x})$，其中，自变量 $\boldsymbol{x}=(x_1,\cdots,x_n)^{\mathrm{T}}\in\mathbb{R}^n$，称

$$\nabla f(\boldsymbol{x})=\left(\frac{\partial f}{\partial x_1},\cdots,\frac{\partial f}{\partial x_n}\right)^{\mathrm{T}} \tag{1.1}$$

为 $f(\boldsymbol{x})$ 在 $\boldsymbol{x}$ 处的梯度，称矩阵

$$\nabla^2 f(\boldsymbol{x})=\begin{pmatrix}\dfrac{\partial^2 f}{\partial x_1^2} & \dfrac{\partial^2 f}{\partial x_1\partial x_2} & \cdots & \dfrac{\partial^2 f}{\partial x_1\partial x_n}\\ \dfrac{\partial^2 f}{\partial x_2\partial x_1} & \dfrac{\partial^2 f}{\partial x_2^2} & \cdots & \dfrac{\partial^2 f}{\partial x_2\partial x_n}\\ \vdots & \vdots & & \vdots\\ \dfrac{\partial^2 f}{\partial x_n\partial x_1} & \dfrac{\partial^2 f}{\partial x_n\partial x_2} & \cdots & \dfrac{\partial^2 f}{\partial x_n^2}\end{pmatrix} \tag{1.2}$$

为 $f(\boldsymbol{x})$ 在 $\boldsymbol{x}$ 处的 Hesse 矩阵. 若梯度向量 $\nabla f(\boldsymbol{x})$ 的每个分量函数在 $\boldsymbol{x}$ 处都连续，则称 f 在 $\boldsymbol{x}$ 处一阶连续可微. 若 Hesse 阵 $\nabla^2 f(\boldsymbol{x})$ 的每个分量函数在 $\boldsymbol{x}$ 处都连续，则称 f 在 $\boldsymbol{x}$ 处二阶连续可微.

注 1.2.1　函数在一点的梯度 $\nabla f(\boldsymbol{x})$ 是一个方向向量，函数 $f(\boldsymbol{x})$ 在点 $\boldsymbol{x}$ 处沿着梯度方向增加得最快，沿着梯度的反方向(即负梯度方向) 函数值减少得最快. 优化算法中经典的最速下降算法，就是基于梯度的这一性质给出的. 下面的图 1.2 以二元函数 $z=f(\boldsymbol{x}_1,\boldsymbol{x}_2)$ 为

例，给出了梯度向量的一个直观解释.

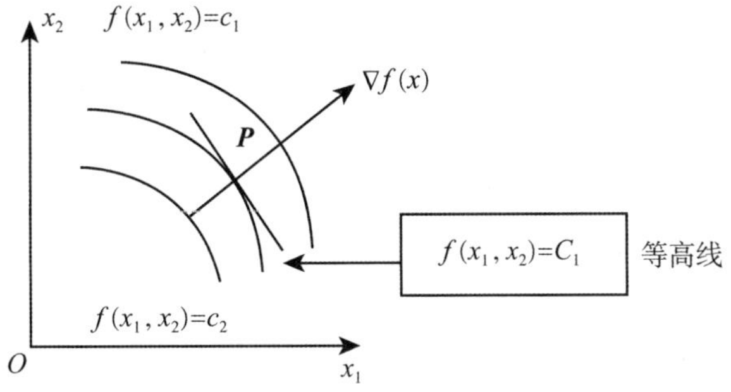

图 1.2 梯度的几何解释

由定义 1.2.2，可以看出，若 f 在 $\boldsymbol{x}$ 处二阶连续可微，则有

$$\frac{\partial^2 f}{\partial x_i \partial x_j} = \frac{\partial^2 f}{\partial x_j \partial x_i}, \quad i, j = 1, \cdots, n,$$

即 Hesse 阵 $\nabla^2 f(\boldsymbol{x})$ 是对称矩阵.

Hesse 矩阵的正定性在凸函数的讨论中起着重要作用，这里我们给出它的严格定义：

定义 1.2.3 设 $f: \mathbb{R}^n \to \mathbb{R}$ 在 D 上二阶连续可微，若对任意 $\boldsymbol{h} \in \mathbb{R}^n$，有

$$\boldsymbol{h}^{\mathrm{T}} \nabla^2 f(\boldsymbol{x}) \boldsymbol{h} \geqslant 0,$$

则称 $\nabla^2 f(\boldsymbol{x})$ 是半正定的；若对任意 $0 \neq \boldsymbol{h} \in \mathbb{R}^n$，有

$$\boldsymbol{h}^{\mathrm{T}} \nabla^2 f(\boldsymbol{x}) \boldsymbol{h} > 0,$$

则称 $\nabla^2 f(\boldsymbol{x})$ 是正定的；进一步地，如果存在常数 $c > 0$，使得对任意 $\boldsymbol{h} \in \mathbb{R}^n$，$\boldsymbol{x} \in D$，有

$$\boldsymbol{h}^{\mathrm{T}} \nabla^2 f(\boldsymbol{x}) \boldsymbol{h} \geqslant c \|\boldsymbol{h}\|^2,$$

则称 $\nabla^2 f(\boldsymbol{x})$ 在 D 上是一致正定的.

定理 1.2.1 设函数 $f: \mathbb{R}^n \to \mathbb{R}$ 连续可微，则有：

$$\begin{aligned} f(\boldsymbol{x} + \boldsymbol{h}) &= f(\boldsymbol{x}) + \int_0^1 \nabla f(\boldsymbol{x} + t\boldsymbol{h})^{\mathrm{T}} \boldsymbol{h} \mathrm{d}t \\ &= f(\boldsymbol{x}) + \nabla f(\boldsymbol{x} + \theta \boldsymbol{h})^{\mathrm{T}} \boldsymbol{h} \\ &= f(\boldsymbol{x}) + \nabla f(\boldsymbol{x})^{\mathrm{T}} \boldsymbol{h} + o(\|\boldsymbol{h}\|). \end{aligned} \tag{1.3}$$

进一步地，若 f 二次连续可微，则有：

$$f(\boldsymbol{x} + \boldsymbol{h}) = f(\boldsymbol{x}) + \nabla f(\boldsymbol{x})^{\mathrm{T}} \boldsymbol{h} + \int_0^1 (1 - t) \boldsymbol{h}^{\mathrm{T}} \nabla^{\mathrm{T}} f(\boldsymbol{x} + t\boldsymbol{h})^{\mathrm{T}} \boldsymbol{h} \mathrm{d}t$$

$$= f(\boldsymbol{x}) + \nabla f(\boldsymbol{x})^{\mathrm{T}}\boldsymbol{h} + \frac{1}{2}\boldsymbol{h}^{\mathrm{T}}\nabla^2 f(\boldsymbol{x}+\theta\boldsymbol{h})\boldsymbol{h} \tag{1.4}$$

$$= f(\boldsymbol{x}) + \nabla f(\boldsymbol{x})^{\mathrm{T}}\boldsymbol{h} + \frac{1}{2}\boldsymbol{h}^{\mathrm{T}}\nabla^2 f(\boldsymbol{x})\boldsymbol{h} + o(\|\boldsymbol{h}\|^2).$$

1.3　凸分析基础

凸集和凸函数是凸分析讨论的基本内容，它们在优化理论和机器学习中起着举足轻重的作用. 本节给出后续需要用到的若干基本概念和基本结论，其详细的讨论可在凸分析等相关教材中找到，如文献[117].

1.3.1　凸集与凸集分离定理

1. 凸集

定义 1.3.1　对于$\mathbb{R}^n$中的一子集 $C \subset \mathbb{R}^n$，如果满足

$$(1-\lambda)\boldsymbol{x} + \lambda\boldsymbol{y} \in C, \quad \forall \boldsymbol{x}, \boldsymbol{y} \in C, \quad \forall 0 \leqslant \lambda \leqslant 1,$$

则称 C 为凸集.

在定义 1.3.1 中，点$(1-\lambda)\boldsymbol{x}+\lambda\boldsymbol{y}$称为$\boldsymbol{x}$和$\boldsymbol{y}$的一个凸组合，图 1.3(a)、图 1.3(b) 分别给出了凸集和非凸集合的一个例子.

例 1.3.1　n 维欧氏空间$\mathbb{R}^n$、非负卦限$\mathbb{R}^n_+ := \{\boldsymbol{x} \in \mathbb{R}^n : x_i \geqslant 0,\ i = 1, \cdots, n\}$、单位球$\{\boldsymbol{x} \in \mathbb{R}^n : \|\boldsymbol{x}\| \leqslant 1\}$($\|\cdot\|$ 为任一范数)、仿射子空间$\{\boldsymbol{x} \in \mathbb{R}^n : \boldsymbol{A}\boldsymbol{x} = \boldsymbol{b}\}$、多面体$\{\boldsymbol{x} \in \mathbb{R}^n : \boldsymbol{A}\boldsymbol{x} \leqslant \boldsymbol{b}\}$、半对称正定矩阵集合$\mathbb{S}^n_+ := \{\boldsymbol{A} \in \mathbb{R}^{n\times n} : \boldsymbol{A}^{\mathrm{T}} = \boldsymbol{A},\ \boldsymbol{x}^{\mathrm{T}}\boldsymbol{A}\boldsymbol{x} \geqslant 0,\ \forall \boldsymbol{x} \in \mathbb{R}^n\}$都是凸集.

不难验证：

(1) 任意多个凸集的交仍然是凸集.

(2) 凸集的加权和仍是凸集，即：如果$C_1, \cdots, C_m \subset \mathbb{R}^n$为非空凸集，$\lambda_1, \cdots, \lambda_m$为实数，则$\sum\limits_{i=1}^{m} \lambda_i C_i$仍为凸集.

定义 1.3.2　设 $S \subset \mathbb{R}^n$，则包含 S 的所有凸集的交称为 S 的凸包，记为 $\mathrm{conv}S$.

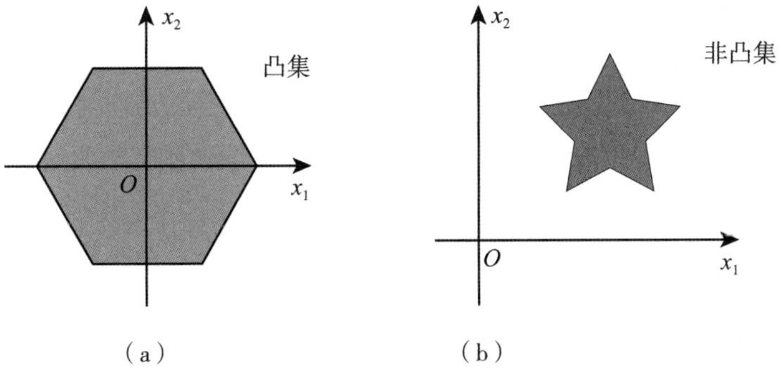

图 1.3 凸集和非凸集的示例

注 1.3.1 (1) $\mathrm{conv}S$ 是包含 S 的唯一的最小凸集;

(2) $\mathrm{conv}S$ 由 S 中元素的全体凸组合构成;

(3) 若 $S=\{\boldsymbol{a}_0,\cdots,\boldsymbol{a}_m\}$ 是包含 $m+1$ 个点的有限点集，则 $\mathrm{conv}S=\left\{\sum_{i=0}^{m}\lambda_i\boldsymbol{a}_i:\lambda_i\geqslant 0,\sum_{i=0}^{m}\lambda_i=1\right\}$ 此时，称 $\mathrm{conv}S$ 为多面体.

定义 1.3.3 设 $K\subset\mathbb{R}^n$，若 K 对正数乘封闭，即：$\forall\lambda>0$，$\forall\boldsymbol{x}\in K$，$\lambda\boldsymbol{x}\in K$ 成立，则称 K 是一个锥. 若 K 还是凸的，则称 K 为凸锥.

例 1.3.2 常见的凸锥有：

二阶锥：$\left\{\boldsymbol{x}=(x_1,\cdots,x_n)^{\mathrm{T}}\in\mathbb{R}^n: x_n\geqslant\sqrt{\sum_{i=1}^{n-1}x_i^2}\right\}$;

对称半正定锥：$\mathbb{S}_+^n=\{\boldsymbol{A}\in\mathbb{S}^n:\boldsymbol{A}\succeq\boldsymbol{0}\}$

非负象限锥：$\mathbb{R}_+^n=\{\boldsymbol{x}=(x_1,\cdots,x_n)^{\mathrm{T}}\in\mathbb{R}^n: x_i\geqslant 0, i=1,\cdots,n\}$.

2. 凸集的投影

定义 1.3.4 设 $X\subset\mathbb{R}^n$ 是一个闭凸集合，对 $\forall\boldsymbol{y}\in\mathbb{R}^n$，称 $\boldsymbol{y}$ 到 X 上距离最小的点为 y 在 X 上的投影(projection)，记为

$$\mathrm{Proj}_X(\boldsymbol{y})=\arg\min_{\boldsymbol{x}\in X}\|\boldsymbol{y}-\boldsymbol{x}\|_2^2.$$

注 1.3.2 在上述定义 1.3.4 中，集合闭的条件必不可少. 如果一凸集不是闭的，则投影不存在. 如：$y=3$ 在开凸集$(-1,1)$上不存在投影.

定理 1.3.1(凸集投影定理) 给定一个非空闭凸集 $X \subset \mathbb{R}^n$，以及 $\boldsymbol{y} \in \mathbb{R}^n$，$\boldsymbol{y} \notin X$，则：

(1) $\mathrm{Proj}_X(\boldsymbol{y})$ 一定存在，并且唯一；

(2) $\boldsymbol{x}^* \in X$，且 $\boldsymbol{x}^* = \mathrm{Proj}_X(\boldsymbol{y})$ 的充要条件是 $(\boldsymbol{x} - \boldsymbol{x}^*)^{\mathrm{T}}(\boldsymbol{x}^* - \boldsymbol{y}) \geqslant 0,\ \forall \boldsymbol{x} \in X$.

凸集的投影是凸优化理论与算法中的重要概念，图 1.4 对该概念及其性质给出一个直观解释.

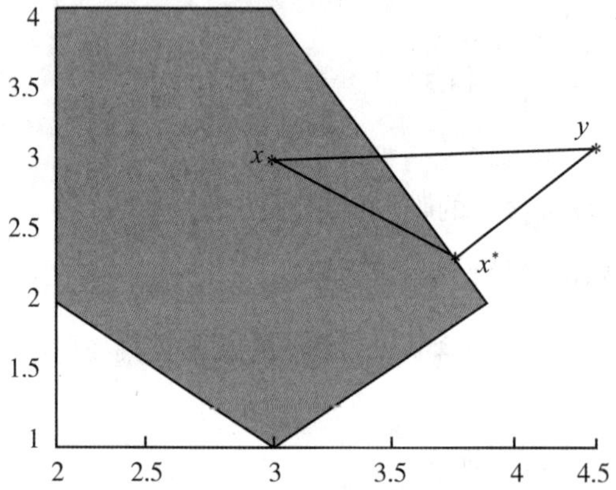

图 1.4 凸集投影定理图例

对于一些相对简单的闭凸集合 X，我们可以算出 $\mathrm{Proj}_X(\boldsymbol{x})$ 的明确表达式：

例 1.3.3 (1) $X = \{\boldsymbol{x} \in \mathbb{R}^n : \omega^{\mathrm{T}}\boldsymbol{x} + \boldsymbol{b} = 0\}$，$\mathrm{Proj}_X(\boldsymbol{y}) = \boldsymbol{y} - \dfrac{(\omega^{\mathrm{T}}\boldsymbol{y} + \boldsymbol{b})\,\omega}{\|\omega\|_2^2}$；

(2) $X = \{\boldsymbol{x} \in \mathbb{R}^n : \|\boldsymbol{x}\|_2 \leqslant 1\}$，$\mathrm{Proj}_X(\boldsymbol{y}) = \begin{cases} \boldsymbol{y}, & \boldsymbol{y} \in X, \\ \dfrac{\boldsymbol{y}}{\|\boldsymbol{y}\|_2}, & \boldsymbol{y} \notin X \end{cases}$；

(3) $X = \{\boldsymbol{x} \in \mathbb{R}^n : \|\boldsymbol{x}\|_\infty \leqslant 1\}$，$\mathrm{Proj}_X(\boldsymbol{y}) = \begin{cases} 1, & y_i > 1, \\ y_i, & y_i \in [-1, 1], \\ -1, & y_i < -1. \end{cases}$

3. 凸集分离定理

凸集分离定理是凸集理论中最基本也是最重要的定理之一，该定理不仅在最优化理论的最优性条件的推导和证明中有重要应用，也是机器学习的分类等问题的理论基础. 我们先回顾点到凸集的分离定理，再回顾一般的两个凸集的分离定理.

定理 1.3.2(点与凸集的分离定理) $X \subset \mathbb{R}^n$为非空闭凸集，对给定的$\boldsymbol{y} \in \mathbb{R}^n$，$\boldsymbol{y} \notin X$，则存在$\boldsymbol{\omega} \in \mathbb{R}^n$，$\boldsymbol{\omega} \neq \boldsymbol{0}$，使得

$$\boldsymbol{\omega}^{\mathrm{T}}\boldsymbol{y} > \boldsymbol{\omega}^{\mathrm{T}}\boldsymbol{x},\ \forall \boldsymbol{x} \in X.$$

证 X非空闭凸，$\boldsymbol{y} \notin X$，由投影定理1.3.1(1)，$\mathrm{Proj}_X(\boldsymbol{y})$存在且唯一. 令$\bar{\boldsymbol{x}} = \mathrm{Proj}_X(\boldsymbol{y})$，$\omega = \boldsymbol{y} - \bar{\boldsymbol{x}} \neq 0$，则对$\forall \boldsymbol{x} \in X$，有：

$$\omega^{\mathrm{T}}(\boldsymbol{y} - \boldsymbol{x}) = \omega^{\mathrm{T}}(\boldsymbol{y} - \bar{\boldsymbol{x}} + \bar{\boldsymbol{x}} - \boldsymbol{x}) = \omega^{\mathrm{T}}\omega + \omega^{\mathrm{T}}(\bar{\boldsymbol{x}} - \boldsymbol{x}) > \omega^{\mathrm{T}}(\bar{\boldsymbol{x}} - \boldsymbol{x}).$$

由投影定理1.3.1(2)，有：$\omega^{\mathrm{T}}(\bar{\boldsymbol{x}} - \boldsymbol{x}) \geqslant 0$. 因此，有$\omega^{\mathrm{T}}\boldsymbol{y} > \omega^{\mathrm{T}}\boldsymbol{x}$.

从定理1.3.2，可以得到如下重要的Farkas引理，该引理在后面的约束优化的KKT最优性条件的推导中将起到重要作用.

定理1.3.3(Farkas引理) 设$\boldsymbol{A} \in \mathbb{R}^{m\times n}$，$\boldsymbol{b} \in \mathbb{R}^n$，$\boldsymbol{x} \in \mathbb{R}^n$，$\boldsymbol{y} \in \mathbb{R}^m$，则下面两组方程有且仅有一组有解：

$$\boldsymbol{A}\boldsymbol{x} \leqslant \boldsymbol{0},\ \boldsymbol{b}^{\mathrm{T}}\boldsymbol{x} > 0, \tag{1.5}$$

$$\boldsymbol{A}^{\mathrm{T}}\boldsymbol{y} = \boldsymbol{b},\ \boldsymbol{y} \geqslant \boldsymbol{0}. \tag{1.6}$$

定理1.3.4(两凸集分离定理) 设X_1，X_2是$\mathbb{R}^n$上的两个非空凸集，若$X_1 \cap X_2 = \varnothing$，则存在非零向量$\boldsymbol{p} \in \mathbb{R}^n$，使得

$$\inf\{\boldsymbol{p}^{\mathrm{T}}\boldsymbol{x}: \boldsymbol{x} \in X_1\} \geqslant \sup\{\boldsymbol{p}^{\mathrm{T}}\boldsymbol{x}: \boldsymbol{x} \in X_2\},$$

或者，等价地说

$$\boldsymbol{p}^{\mathrm{T}}\boldsymbol{y} \geqslant \boldsymbol{p}^{\mathrm{T}}\boldsymbol{x},\ \forall \boldsymbol{y} \in \mathrm{cl}(X_1),\ \boldsymbol{x} \in \mathrm{cl}(X_2),$$

这里，$\mathrm{cl}(X_1)$，$\mathrm{cl}(X_2)$分别表示对凸集X_1，X_2取闭包，如果X_1，X_2本身是闭凸集合，则$\mathrm{cl}(X_1) = X_1$，$\mathrm{cl}(X_2) = X_2$.

根据上面的定理1.3.4，可以通过证明得到下面的Gordan择一定理，该定理在非线性规划理论中有十分重要的应用.

定理1.3.5(Gordan择一定理) 设$\boldsymbol{A} \in \mathbb{R}^{m\times n}$，则或者存在$\boldsymbol{x} \in \mathbb{R}^n$，使得

$$\boldsymbol{A}\boldsymbol{x} < \boldsymbol{0}, \tag{1.7}$$

或者存在$\boldsymbol{y} \in \mathbb{R}^m$，使得

$$\boldsymbol{A}^{\mathrm{T}}\boldsymbol{y} = \boldsymbol{0},\ \boldsymbol{y} \geqslant \boldsymbol{0},\ \boldsymbol{y} \neq \boldsymbol{0}, \tag{1.8}$$

且二者不能同时成立.

1.3.2 凸函数

有了凸集的概念之后，可以定义凸集上的凸函数.

定义 1.3.5　设函数 $f: D \subset \mathbb{R}^n \to \mathbb{R}$，其中，$D$ 为凸集，

(1) 称 f 为 D 上的凸函数，如果对任意的 $\boldsymbol{x}, \boldsymbol{y} \in D$ 以及任意的数 $\lambda \in [0, 1]$，都有

$$f(\lambda \boldsymbol{x} + (1 - \lambda \boldsymbol{y})) \leqslant \lambda f(\boldsymbol{x}) + (1 - \lambda) f(\boldsymbol{y});$$

(2) 称 f 为 D 上的严格凸函数，如果对任意的 $\boldsymbol{x}, \boldsymbol{y} \in D$ 以及任意的数 $\lambda \in [0, 1]$，都有

$$f(\lambda \boldsymbol{x} + (1 - \lambda \boldsymbol{y})) < \lambda f(\boldsymbol{x}) + (1 - \lambda) f(\boldsymbol{y});$$

(3) 称 f 为 D 上的一致凸函数，如果存在常数 $\gamma > 0$，对任意的 $\boldsymbol{x}, \boldsymbol{y} \in D$ 以及任意的数 $\lambda \in [0, 1]$，都有

$$f(\lambda \boldsymbol{x} + (1 - \lambda \boldsymbol{y})) + \frac{1}{2}\lambda(1 - \lambda)\gamma \|\boldsymbol{x} - \boldsymbol{y}\|^2 \leqslant \lambda f(\boldsymbol{x}) + (1 - \lambda) f(\boldsymbol{y});$$

(4) 称 f 为 D 上的强凸函数，如果存在尝试 $\mu > 0$，对任意的 $\boldsymbol{x}, \boldsymbol{y} \in D$，有：

$$f(\boldsymbol{y}) \geqslant f(\boldsymbol{x}) + g(\boldsymbol{x})^{\mathrm{T}}(\boldsymbol{y} - \boldsymbol{x}) + \frac{\mu}{2} \|\boldsymbol{y} - \boldsymbol{x}\|_2^2,\ g(\boldsymbol{x}) \in \partial f(\boldsymbol{x}),\ \forall \boldsymbol{x}, \boldsymbol{y} \in \mathbb{R}^n,$$

这里，$\partial f(\boldsymbol{x})$ 表示 f 在 $\boldsymbol{x}$ 处的次微分(见定义 1.3.6).

例 1.3.4　不难验证，如下函数都是常见的凸函数：

非负对数函数 $f(x) = -\ln x,\ x \in \mathbb{R}_{++}$；

指数函数 $f(x) = a^{cx},\ a > 1,\ c \in \mathbb{R},\ x \in \mathbb{R}$；

线性函数 $f(\boldsymbol{x}) = \boldsymbol{\omega}^{\mathrm{T}}\boldsymbol{x} + \boldsymbol{b},\ \boldsymbol{x} \in \mathbb{R}^n$；

二次函数 $f(x) = \dfrac{1}{2}\boldsymbol{x}^{\mathrm{T}}\boldsymbol{A}\boldsymbol{x} + \boldsymbol{b}^{\mathrm{T}}\boldsymbol{x},\ \boldsymbol{x} \in \mathbb{R}^n$($\boldsymbol{A}$ 对称半正定)；

任意范数函数 $f(\boldsymbol{x}) = \|\boldsymbol{x}\|$ ($\|\cdot\|$ 为任一范数)，$\boldsymbol{x} \in \mathbb{R}^n$.

凸函数具有如下基本性质：

命题 1.3.1　设 f, f_1, f_2 都是定义在凸集 $D \subset \mathbb{R}^n$ 上的凸函数，$c_1 > 0,\ c_2 > 0,\ \alpha \in \mathbb{R}$，则有：

(1) $c_1 f_1(\boldsymbol{x}) + c_2 f(\boldsymbol{x})$ 也是凸集 D 上的凸函数；

(2) 水平集 $L_\alpha(f) = \{\boldsymbol{x}: \boldsymbol{x} \in D, f(\boldsymbol{x}) \leqslant \alpha\}$，上图 $\mathrm{epi}(f) = \{(\boldsymbol{x}, \alpha): f(\boldsymbol{x}) \leqslant \alpha\}$ 都是凸集.

命题 1.3.2　若函数 f 正常凸，则 f 一定是 Lipschitz 连续函数，即：$\exists L > 0$，使得 $|f(\boldsymbol{x}) - f(\boldsymbol{y})| \leqslant L\|\boldsymbol{x} - \boldsymbol{y}\|_2,\ \forall \boldsymbol{x}, \boldsymbol{y} \in \mathbb{R}^n$.

除了用定义验证函数是否凸之外，如果函数是一阶或二阶连续可微的，则可利用函数的梯度或 Hesse 矩阵来判别或验证它的凸性.

定理 1.3.6　设 f 是凸集 $D \subset \mathbb{R}^n$ 上的一阶连续可微函数，则有：

(1)f 在 D 上凸的充分必要条件为：

$$f(\boldsymbol{x}) \geqslant f(\boldsymbol{x}^*) + \nabla f(\boldsymbol{x}^*)^{\mathrm{T}}(\boldsymbol{x} - \boldsymbol{x}^*),\ \forall \boldsymbol{x}, \boldsymbol{x}^* \in D;$$

(2)f 在 D 上严格凸的充分必要条件为：

$$f(\boldsymbol{x}) > f(\boldsymbol{x}^*) + \nabla f(\boldsymbol{x}^*)^{\mathrm{T}}(\boldsymbol{x} - \boldsymbol{x}^*),\ \forall \boldsymbol{x}, \boldsymbol{x}^* \in D;$$

(3)f 在 D 上一致凸的充分必要条件为：存在常数 $c > 0$，使得：

$$f(\boldsymbol{x}) \geqslant f(\boldsymbol{x}^*) + \nabla f(\boldsymbol{x}^*)^{\mathrm{T}}(\boldsymbol{x} - \boldsymbol{x}^*) + c\,\|\boldsymbol{x} - \boldsymbol{x}^*\|^2,\ \forall \boldsymbol{x}, \boldsymbol{x}^* \in D;$$

如果函数 $f: D \subset \mathbb{R}^n \to \mathbb{R}$ 是二阶连续可微的，则有：

定理 1.3.7　设 f 是凸集 $D \subset \mathbb{R}^n$ 上的二阶连续可微函数，则有：

(1)f 在 D 上凸的充分必要条件为：$\nabla^2 f(\boldsymbol{x})$ 对一切 $\boldsymbol{x} \in D$ 半正定；

(2)f 在 D 上严格凸的充分条件为：$\nabla^2 f(\boldsymbol{x})$ 对一切 $\boldsymbol{x} \in D$ 正定；

(3)f 在 D 上一致凸的充分必要条件为：$\nabla^2 f(\boldsymbol{x})$ 对一切 $\boldsymbol{x} \in D$ 一致正定.

注 1.3.3　在定理 1.3.7 中，$\nabla^2 f(\boldsymbol{x})$ 对一切 $\boldsymbol{x} \in D$ 正定只是函数严格凸的充分条件，不是充要条件.

虽然我们可以用梯度或 Hesse 矩阵的信息来讨论函数的凸性，但在实际应用中，凸函数并不总是可微的. 比如，$f(x) = |x|$，在 $x = 0$ 处不可微. 对于不可微函数，我们有必要把梯度的概念加以推广：

定义 1.3.6　称向量 $\boldsymbol{g} \in \mathbb{R}^n$ 为 $f: \mathbb{R}^n \to \mathbb{R}$ 在 $\boldsymbol{x} \in \mathrm{dom} f$ 处的一个次梯度，如果对任意的 $\boldsymbol{y} \in \mathrm{dom} f$，有：

$$f(\boldsymbol{y}) \geqslant f(\boldsymbol{x}) + \boldsymbol{g}^{\mathrm{T}}(\boldsymbol{y} - \boldsymbol{x}).$$

f 在 $\boldsymbol{x}$ 处的全体次梯度组成的集合，称为 f 在 $\boldsymbol{x}$ 处的次微分，记为 $\partial f(\boldsymbol{x})$.

显然，如果 $f(\boldsymbol{x})$ 可微，则 $\partial f(\boldsymbol{x}) = \{\nabla f(\boldsymbol{x})\}$ 是独点集合. 不然，$f(\boldsymbol{x})$ 在给定点的次梯度可能有多个. 比如：绝对值函数 $f(x) = |x|$，当 $x < 0$ 时，$\partial f(x) = \{-1\}$；当 $x > 0$ 时，$\partial f(x) = \{1\}$；当 $x = 0$ 时，$\partial f(0) = \{g: |y| \geqslant gy,\ \forall y \in \mathbb{R}\} = [-1, 1]$.

直观上看，函数 f 在点 $\boldsymbol{x}$ 处的次梯度向量 $\boldsymbol{g}$ 是一个特殊的向量，它使得关于 $\boldsymbol{z}$ 的仿射函数 $f(\boldsymbol{x}) + \boldsymbol{g}^{\mathrm{T}}(\boldsymbol{z} - \boldsymbol{x})$ 是 f 在点 $\boldsymbol{x}$ 处的一个全局下方逼近超平面. 图 1.5 给出了一元函数的次梯度的直观解释：

在图 1.5 中，在 x_1 处，$f(\boldsymbol{x})$ 是可微(光滑)的，$\partial f(x_1) = \{g_1\} = \nabla f(x_1)$，此时，$f(x_1) + \boldsymbol{g}_1^{\mathrm{T}}(z - x_1)$ 即为 f 在 x_1 处的切线，是 f 在 x_1 处的一个下方逼近直线. 在 x_2 处，f 不可微，有多个次梯度，$\boldsymbol{g}_2$ 和 $\boldsymbol{g}_3$ 分别都是 f 在 x_2 处的次梯度，此时 $f(x_2) + \boldsymbol{g}_2^{\mathrm{T}}(z - x_2)$ 和 $f(x_2) + \boldsymbol{g}_3^{\mathrm{T}}(y - x_2)$ 都是 f 在 x_2 处的下方逼近.

函数的次微分有如下常用的一些性质：

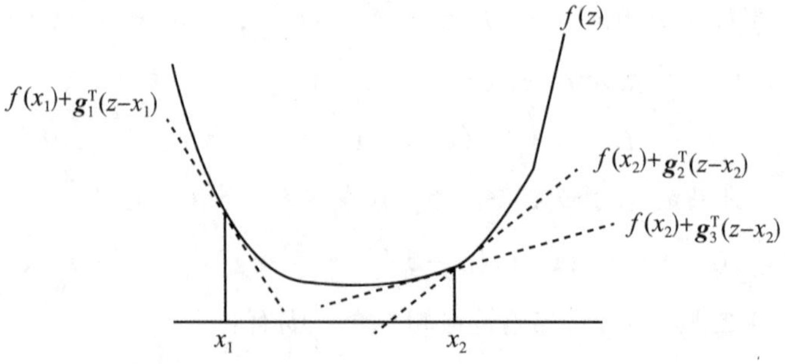

图 1.5　次梯度的直观解释

命题 1.3.3　(1) 不管 f 是否为凸函数，$\partial f(\boldsymbol{x})$ 总是一个闭凸集合，因为

$$\partial f(\boldsymbol{x}) = \bigcap_{z \in \mathrm{dom} f} \{\boldsymbol{g}: f(\boldsymbol{z}) \geqslant f(\boldsymbol{x}) + \boldsymbol{g}^{\mathrm{T}}(\boldsymbol{z}-\boldsymbol{x})\};$$

(2) 若 $\alpha \geqslant 0$，则 $\partial(\alpha f)(\boldsymbol{x}) = \alpha \partial f(\boldsymbol{x})$；

(3) 若 $f = f_1 + \cdots + f_m$，$f_i(i = 1, \cdots, m)$ 都是凸函数，则有：$\partial f(\boldsymbol{x}) = \partial f_1(\boldsymbol{x}) + \cdots + \partial f_m(\boldsymbol{x})$；

(4) 假定 f 是凸函数，$h(\boldsymbol{x}) = f(\boldsymbol{A}\boldsymbol{x} + \boldsymbol{b})$，则 $\partial h(\boldsymbol{x}) = \boldsymbol{A}^{\mathrm{T}} \partial f(\boldsymbol{A}\boldsymbol{x} + \boldsymbol{b})$；

(5) 若 $f(\boldsymbol{x}) = \max\limits_{1 \leqslant i \leqslant m} \{f_i(\boldsymbol{x})\}$，$f_i$，$i = 1, \cdots, m$ 都是凸并且次可微的，则：

$$\partial f(\boldsymbol{x}) = \mathrm{Conv} \cup \{\partial f_k(\boldsymbol{x}): f_k(\boldsymbol{x}) = f(\boldsymbol{x})\},$$

这里 Conv 表示取凸包(convex hull)，$\cup$ 表示取并集. 进一步地，如果每个 f_i，$i = 1, \cdots, m$ 都是凸可微的，则 $\partial f(\boldsymbol{x}) = \mathrm{Co}\{\nabla f_k(\boldsymbol{x}): f_k(\boldsymbol{x}) = f(\boldsymbol{x})\}$.

按照次微分的定义，可以计算一些常见函数的次微分：

例 1.3.5　l_1 范数：$f(\boldsymbol{x}) = \|\boldsymbol{x}\|_1 = |x_1| + \cdots + |x_n|$. 要求它的次微分，我们可将它写成 $f(\boldsymbol{x}) = \|\boldsymbol{x}\|_1 = \max\{\boldsymbol{s}^{\mathrm{T}}\boldsymbol{x}: s_i \in -1, 1\}$. 因为 $\boldsymbol{s}^{\mathrm{T}}\boldsymbol{x}$ 是可微的，不妨令

$$\boldsymbol{g}_i = \begin{cases} 1, & x_i > 0, \\ -1, & x_i < 0, \\ [-1, 1], & x_i = 0. \end{cases}$$

利用命题 1.3.3(5)，我们有

$$\partial f(\boldsymbol{x}) = \{\boldsymbol{g} = (g_1, g_2, \cdots, g_n): \|\boldsymbol{g}\|_\infty \leqslant 1, \boldsymbol{g}^{\mathrm{T}}\boldsymbol{x} = \|\boldsymbol{x}\|_1\}.$$

例 1.3.6　l_2 范数：$f(\boldsymbol{x}) = \|\boldsymbol{x}\|_2 = \sqrt{x_1^2 + \cdots + x_n^2}$ 按次微分的定义，容易计算

$$\partial f(\boldsymbol{x}) = \begin{cases} \dfrac{\boldsymbol{x}}{\|\boldsymbol{x}\|_2}, & \boldsymbol{x} \neq \boldsymbol{0}, \\ \{\boldsymbol{s}: \|\boldsymbol{s}\| \leqslant 1\}, & \boldsymbol{x} = \boldsymbol{0}. \end{cases}$$

1.3.3 共轭函数

共轭函数也称为对偶函数、极化函数，它是最优化理论中的一个重要概念，在研究优化问题的对偶中起着重要作用. 随着机器学习技术的兴起，该函数在很多机器学习模型，如生成对抗神经网络等的理论推导中也起着重要作用. 这里，我们简单介绍共轭函数的定义和性质.

定义 1.3.7 给定一广义实值函数 $f:\mathbb{R}^n\to[-\infty,+\infty]$，可定义该函数的共轭函数 f^* 如下：

$$f^*(y)=\sup_{\boldsymbol{x}\in\mathbb{R}^n}\{\boldsymbol{x}^{\mathrm{T}}\boldsymbol{y}-f(\boldsymbol{x})\},\ \boldsymbol{y}\in\mathbb{R}^n. \tag{1.9}$$

若 f 为正常实值函数，即：$f:\mathbb{R}^n\to(-\infty,+\infty)$，则共轭函数可定义为：

$$f^*(\boldsymbol{y})=\max_{\boldsymbol{x}\in\mathbb{R}^n}\{\boldsymbol{x}^{\mathrm{T}}\boldsymbol{y}-f(\boldsymbol{x})\},\ \boldsymbol{y}\in\mathbb{R}^n. \tag{1.10}$$

基于共轭函数的定义，容易得到共轭函数有一些很好的性质：

命题 1.3.4 (1) f 如果可微，则 $f^*(\boldsymbol{y})$ 所对应的 $\boldsymbol{x}$ 一定是使得 $f'(\boldsymbol{x})=\boldsymbol{y}$ 的点；

(2) 无论 f 是否为凸函数，$f^*(\boldsymbol{y})$ 都是凸函数；

(3) 如果 f 是定义在集合 C 上的函数，则 $f^{**}=\mathrm{Conv}(f)$，这里 $\mathrm{Conv}(f)$ 被称为 f 的凸包络，它是满足 $g(\boldsymbol{x})\leqslant f(\boldsymbol{x})$，$\forall\boldsymbol{x}\in C$ 的最大凸函数 g. 特别地，如果 f 是凸函数，则 $f^{**}=f$.

根据上述命题 1.3.4，我们可以知道：一个函数的共轭函数不仅有很好的凸性，而且共轭函数再取共轭后，能得到与原函数性态最为接近的一个凸下方逼近函数.

为加深读者对共轭函数的理解和认识，我们可以计算一些简单函数的共轭函数.

例 1.3.7 (1) 线性函数 $f(x)=ax+b$，$x\in\mathbb{R}$，

$$f^*(y)=\sup_{x\in R}\{xy-f(x)\}=\begin{cases}-b, & y=a,\\ +\infty, & \text{不然}.\end{cases}$$

(2) 凸二次函数 $f(\boldsymbol{x})=\dfrac{1}{2}\boldsymbol{x}^{\mathrm{T}}\boldsymbol{Q}\boldsymbol{x}$，$\boldsymbol{Q}\in\mathbb{S}^n_{++}$，

$$f^*(\boldsymbol{y})=\sup_{\boldsymbol{x}\in\mathbb{R}^n}\left\{\boldsymbol{x}^{\mathrm{T}}\boldsymbol{y}-\frac{1}{2}\boldsymbol{x}^{\mathrm{T}}\boldsymbol{Q}\boldsymbol{x}\right\}=\frac{1}{2}\boldsymbol{y}^{\mathrm{T}}\boldsymbol{Q}^{-1}\boldsymbol{y}.$$

(3) 负对数函数 $f(x)=-\log x$，

$$f^*(y)=\sup_{x>0}\{xy+\log x\}=\begin{cases}-1-\log(-y), & y<0\\ +\infty, & \text{其他}.\end{cases}$$

(4) 指数函数 $f(x)=\exp(x)$，

$$f^*(y)=\sup_{x\in\mathbb{R}}\{xy-\exp(x)\}=\begin{cases}y\ln(y)-y, & y>0,\\ 0, & y=0,\\ +\infty, & \text{其他}.\end{cases}$$

(5) log-sum-exp 函数 $f(\boldsymbol{x})=\log\left(\sum_{i=1}^{n}\exp(x_i)\right)$,

$$f^*(\boldsymbol{y})=\sup_{\boldsymbol{x}\in\mathbb{R}^n}\left\{\boldsymbol{x}^{\mathrm{T}}\boldsymbol{y}-\log\left(\sum_{i=1}^{n}\exp(x_i)\right)\right\}=\begin{cases}\sum_{i=1}^{n}y_i\log(y_i), & y\geqslant 0,\ \sum_{i=1}^{n}y_i=1.\\ +\infty, & \text{其他}.\end{cases}$$

(6) 集合 $X\subset\mathbb{R}^n$ 的指示函数 $I_X(\boldsymbol{x})=\begin{cases}0, & \boldsymbol{x}\in X\\ \infty, & \text{其他}\end{cases}$，它的共轭函数 $I^*(\boldsymbol{y})=\sum_{\boldsymbol{x}\in X}\boldsymbol{y}^{\mathrm{T}}\boldsymbol{x}$，也被称为集合 X 的支撑函数(support function).

1.4　最优化问题与算法基础

1.4.1　最优化问题概述

最优化问题是求目标函数的最值(最小值或最大值)问题，考虑到求函数的最大值与求最小值没有本质区别($\max_{x}\{f(\boldsymbol{x})\}=-\min_{x}\{-f(\boldsymbol{x})\}$)，本书仅以求最小值为目标，重点讨论如下问题模型：

$$\begin{aligned}&\min\quad f(\boldsymbol{x}),\\ &\text{s.t.}\quad \boldsymbol{x}\in\Omega,\end{aligned}\tag{1.11}$$

这里，$\boldsymbol{x}=(x_1,\cdots,x_n)\in\mathbb{R}^n$ 为**决策变量**，$f(\boldsymbol{x})$ 称为**目标函数**. 若 $\Omega=\mathbb{R}^n$，则称模型(1.11)为**无约束优化问题**，不然，模型(1.11)为**约束优化问题**，Ω 被称为问题的**可行集或可行域**，Ω 中的每一个点被称为**可行点**. 最优化问题(1.11)就是要在 Ω 中找一点 $\boldsymbol{x}$，使得它对应的目标函数值 $f(\boldsymbol{x})$ 不大于 Ω 中其他点对应的目标函数值.

定义 1.4.1　(1) 若存在 $\boldsymbol{x}^*\in\Omega$，使得对所有的 $\boldsymbol{x}\in\Omega$，有 $f(\boldsymbol{x}^*)\leqslant f(\boldsymbol{x})$，则称 $\boldsymbol{x}^*$ 是模型(1.11)的全局最优解；若对所有的 $\boldsymbol{x}\in\Omega$, $\boldsymbol{x}\neq\boldsymbol{x}^*$，有 $f(\boldsymbol{x}^*)<f(\boldsymbol{x})$，则称 $\boldsymbol{x}^*$ 是模型(1.11)的严格全局最优解；

(2) 若存在 $\boldsymbol{x}^*\in\Omega$，以及它的某个邻域 $N_\epsilon(\boldsymbol{x}^*)=\{\boldsymbol{x}\in\mathbb{R}^n:\ \|\boldsymbol{x}-\boldsymbol{x}^*\|<\epsilon\}$ (ϵ 为正实数

且 $\|\cdot\|$ 表示某种范数)，使得对所有的 $\boldsymbol{x} \in \Omega \cap N_\epsilon(\boldsymbol{x}^*)$，$\boldsymbol{x} \neq \boldsymbol{x}^*$，有 $f(\boldsymbol{x}^*) \leqslant f(\boldsymbol{x})$，则称 $\boldsymbol{x}^*$ 是模型(1.11) 的局部最优解；若对所有的 $\boldsymbol{x} \in \Omega \cap N_\epsilon(\boldsymbol{x}^*)$，有 $f(\boldsymbol{x}^*) \leqslant f(\boldsymbol{x})$，则称 $\boldsymbol{x}^*$ 是模型(1.11) 的局部严格最优解；

(3) 对给定的模型(1.11)，称其最优解 $\boldsymbol{x}^*$ 对应的目标函数值 $f(\boldsymbol{x}^*)$ 为最优函数值.

显然，全局最优解一定是局部最优解，但局部最优解不一定是全局最优解. 求解模型(1.11)，就是在可行域 Ω 上找问题的全局最优解. 但是，在一般情况下，很难求得全局最优解，往往只能求出局部最优解，或是求满足某个最优性条件的解点.

根据目标函数 $f(\boldsymbol{x})$ 以及约束集合 Ω 的不同特点，模型(1.11) 有不同的分类，例如：无约束优化和约束优化、凸规划和非凸规划、线性规划和非线性规划、光滑优化和非光滑优化、单目标优化和多目标优化、连续优化和离散优化，等等. 根据模型的不同特性，又有一些专门的定义，诸如 DC 规划、半定规划、双层规划等.

本书拟讨论机器学习技术建模得到的一般的非线性无约束和约束模型以及其他诸如 DC 规划、双层规划等特殊优化模型的优化算法，具体的模型形式和算法将在后续章节中详细介绍.

1.4.2 最优性条件

最优性条件是指模型(1.11) 的最优解(局部或全局) 所满足的条件，常用的有一阶必要条件和二阶必要条件，对一些特殊的优化问题还存在有充分必要条件. 最优性条件不仅对优化理论的研究有重要意义，对最优化问题的求解、优化算法的设计和算法终止条件的确定都有重要作用. 本小节分别对无约束优化问题和约束优化问题的最优性条件做一个初步介绍，这里我们只列出相关结论，相关证明可查阅一般的优化专业书籍，这里不再赘述.

1. 无约束优化问题的最优性条件

首先，我们讨论无约束最优化问题，即模型(1.11) 中 $\Omega = \mathbb{R}^n$ 的最优性条件. 为此，我们先复习一下高等数学一元函数极值点的方法.

例 1.4.1 求一元函数 $f(x) = x^2 - x^3$ 的极值点.

解 $f'(x) = 2x - 3x^2 = x(2 - 3x)$，令 $f'(x) = 0$，得驻点为 $x_1 = 0$，$x_2 = \dfrac{2}{3}$. 我们以 $x_1 = 0$ 为例，回顾一下极值点的两种判别方法：可以用一阶导数的符号来判别，当 $x < x_1$，即

$x<0$时，$f'(x)<0$，函数单调递减；当$0<x<\frac{2}{3}$时，$f'(x)>0$，函数单调递增，所以$x_1=0$是一个局部极小值点. 也可以用二阶导数来判断，因为$f''(x_1)=2>0$，所以$x_1=0$是局部极小值点.

一元函数的极值讨论可以类似推广到多元函数的极值问题，即无约束的最优化问题. 我们先给出一些必要的定义：

定义 1.4.2　设$f:\mathbb{R}^n\to\mathbb{R}$为连续函数，$\bar{x}\in\mathbb{R}^n$，若存在方向$\boldsymbol{d}\in\mathbb{R}^n$以及数$\delta>0$，使得

$$f(\bar{x}+\alpha\boldsymbol{d})<f(\bar{x}),\ \forall\alpha\in(0,\delta),$$

则称$\boldsymbol{d}$为$f(\boldsymbol{x})$在$\bar{x}$的一个下降方向.

按照下降方向的定义1.4.2，我们知道下降方向即是使得函数值减少的方向. 在例1.4.1中，$f(x)$在$x_2=\frac{2}{3}$处，$d=1$或$d=-1$都是下降方向，在$x_1=0$处，没有下降方向. $x_1=0$是问题的局部极小值点，直观上看，可以知道：在函数的极小值点附近，不存在函数的下降方向.

当函数可微时，我们常借助梯度向量来讨论函数的下降方向. 对梯度方向与函数的下降方向的关系，我们有如下结论：

定理 1.4.1　设函数f在点$\boldsymbol{x}$处连续可微，若存在非零向量$\boldsymbol{d}\in\mathbb{R}^n$，满足

$$\nabla f(\boldsymbol{x})^{\mathrm{T}}\boldsymbol{d}<0,$$

则$\boldsymbol{d}$是f在点$\boldsymbol{x}$处的一个下降方向.

定理1.4.1是构造梯度下降算法的重要根据，从该定理我们可以知道：所有与梯度方向夹钝角的方向，都是函数的下降方向.

定义 1.4.3　设$f:\mathbb{R}^n\to\mathbb{R}$为连续函数，若存在$\boldsymbol{x}^*\in\mathbb{R}^n$，$f$在$x^*$可微，且$\nabla f(\boldsymbol{x}^*)=0$，则称$\boldsymbol{x}^*$为$f(\boldsymbol{x})$的驻点或稳定点.

当函数可微和二阶可微时，对无约束问题的最优性条件，我们有如下结论：

定理 1.4.2(一阶必要条件)　设$f:\mathbb{R}^n\to\mathbb{R}$连续可微，若$\boldsymbol{x}^*$是无约束问题(1.11)的局部极小值点，则有$\nabla f(\boldsymbol{x}^*)=0$，即可微的极值点一定是稳定点.

定理 1.4.3(二阶必要条件)　设$f:\mathbb{R}^n\to\mathbb{R}$二次连续可微，若$\boldsymbol{x}^*$是无约束问题(1.11)的局部极小值点，则有$\nabla f(\boldsymbol{x}^*)=0$，$\nabla^2 f(\boldsymbol{x}^*)$是半正定矩阵.

定理 1.4.4(二阶充分条件)　设$f:\mathbb{R}^n\to\mathbb{R}$二次连续可微，若$\boldsymbol{x}^*$满足$\nabla f(\boldsymbol{x}^*)=0$，$\nabla^2 f(\boldsymbol{x}^*)$是正定矩阵，则$\boldsymbol{x}^*$是无约束问题(1.11)的局部极小值点.

一般来说，目标函数的稳定点，即满足$\nabla f(\boldsymbol{x}^*)=0$的点$\boldsymbol{x}^*$，不一定是极小值点. 但对于目标函数是凸函数的情形，其稳定点、局部极小值点和全局极小值点三者是相同的.

定理 1.4.5　设 $f:\mathbb{R}^n\to\mathbb{R}$ 是凸函数，并且一阶连续可微，则 $\boldsymbol{x}^*$ 是无约束问题(1.11)的全局极小值点的充要条件是 $\nabla f(\boldsymbol{x}^*)=0$.

2. 约束优化问题的最优性条件

对于约束优化问题，可行域上的点是否为局部极小点取决于目标函数在该点以及该点附近其他可行点上的值. 构造迭代算法时，不仅要求搜索方向是下降的，还要保证迭代点仍在可行域内. 为此，需要给出可行方向的定义.

定义 1.4.4　设 $\boldsymbol{x}\in\Omega$, $\boldsymbol{d}\in\mathbb{R}^n$，如果存在 $\delta>0$，使得

$$\boldsymbol{x}+t\boldsymbol{d}\in\Omega,\ \forall t\in[0,\delta],$$

则称 $\boldsymbol{d}$ 是 Ω 在 $\boldsymbol{x}$ 处的可行方向. Ω 在 $\boldsymbol{x}$ 处的所有可行方向的集合记为 $\mathrm{FD}(\boldsymbol{x},\Omega)$.

在分析算法时，可行方向集 $\mathrm{FD}(\boldsymbol{x},\Omega)$ 不方便讨论，经常用如下定义的序列可行方向和线性化可行方向来讨论：

定义 1.4.5　设 $\boldsymbol{x}\in\Omega$, $\boldsymbol{d}\in\mathbb{R}^n$，如果存在 $\delta_k>0$, $\boldsymbol{d}^{(k)}\subset\mathbb{R}^n$, $k=1,2,\cdots$，使得

$$\boldsymbol{d}^{(k)}\to\boldsymbol{d},\ \delta_k\to 0,\ \boldsymbol{x}+\delta_k\boldsymbol{d}^{(k)}\in\Omega,$$

则称 $\boldsymbol{d}$ 是 Ω 在 $\boldsymbol{x}$ 处的序列可行方向. Ω 在 $\boldsymbol{x}$ 处的所有序列可行方向的集合记为 $\mathrm{SFD}(\boldsymbol{x},\Omega)$.

由定义 1.4.5，$\boldsymbol{d}\in\mathrm{SFD}(\boldsymbol{x},\Omega)$ 当且仅当存在可行点列 $\boldsymbol{x}^{(k)}=\boldsymbol{x}+\delta_k\boldsymbol{d}^{(k)}$ $(\boldsymbol{d}^{(k)}\neq\boldsymbol{0})$，使得 $\boldsymbol{x}^{(k)}\to\boldsymbol{x}$.

在给出线性化可行方向前，为方便讨论，我们不妨设约束集合 $\Omega=\{\boldsymbol{x}\in\mathbb{R}^n: c_i(\boldsymbol{x})=0,\ i\in E=\{1,\cdots,m_e\};\ c_i(\boldsymbol{x})\leqslant 0,\ i\in I=\{m_e+1,\cdots,m\}\}$，即模型为：

$$\begin{aligned}\min\quad & f(\boldsymbol{x})\\ \text{s.t.}\quad & c_i(\boldsymbol{x})=0,\ i\in E=\{1,\cdots,m_e\},\\ & c_i(\boldsymbol{x})\leqslant 0,\ i\in I=\{m_e+1,\cdots,m\}.\end{aligned}\tag{1.12}$$

定义 1.4.6　设 $\boldsymbol{x}\in\Omega$，称指标集 $I(\boldsymbol{x})=\{i\in I: c_i(\boldsymbol{x})=0\}$ 为点 x 处的有效约束指标集或紧指标集，称紧指标集对应的约束为积极约束(或紧约束).

由定义 1.4.6，在问题的局部最优解 $\boldsymbol{x}$ 处，若在指标集 I 中存在 $i_0\notin I(\boldsymbol{x})$，$c_{i_0}(\boldsymbol{x})<0$，则在 $\boldsymbol{x}$ 的某个邻域内将该约束去掉，$\boldsymbol{x}$ 仍是问题的最优解不会发生改变. 此时，可以称 i_0 约束是非有效的或不起作用的.

定义 1.4.7　设 $\boldsymbol{x}\in\Omega$，如果 $\boldsymbol{d}\in\mathbb{R}^n$ 满足：

$$\boldsymbol{d}^{\mathrm{T}}\nabla c_i(\boldsymbol{x})=0,\ i\in E;\ \boldsymbol{d}^{\mathrm{T}}\nabla c_i(\boldsymbol{x})\leqslant 0,\ i\in I(\boldsymbol{x})=\{i\in I: c_i(\boldsymbol{x})=0\},\tag{1.13}$$

则称 $\boldsymbol{d}$ 是 Ω 在 $\boldsymbol{x}$ 处的线性化可行方向. Ω 在 $\boldsymbol{x}$ 处的所有线性化可行方向的集合记为

LFD($\boldsymbol{x}$, Ω).

由定义，可以证明：

$$\mathrm{FD}(\boldsymbol{x}, \Omega) \subseteq \mathrm{SFD}(\boldsymbol{x}, \Omega) \subseteq \mathrm{LFD}(\boldsymbol{x}, \Omega).$$

如果组成 Ω 的约束函数都是线性函数，则等号成立.

记模型(1.12) 在给定点 x 处的所有下降方向构成的集合为 $D(\boldsymbol{x}) = \{\boldsymbol{d} \in \mathbb{R}^n : \nabla f(\boldsymbol{x})^{\mathrm{T}} \boldsymbol{d} < 0\}$，我们可以有如下结论：

定理 1.4.6　设 $\boldsymbol{x}^*$ 是模型(1.12) 的局部最优解，$f(\boldsymbol{x})$ 和 $c_i(\boldsymbol{x})$，$i = 1, \cdots, m$ 在 $\boldsymbol{x}^*$ 处一阶连续可微，则有：

$$\mathrm{SFD}(\boldsymbol{x}^*, \Omega) \cap D(\boldsymbol{x}^*) = \emptyset.$$

等价地说，即为：

$$\boldsymbol{d}^{\mathrm{T}} \nabla f(\boldsymbol{x}^*) \geqslant 0, \ \forall \boldsymbol{d} \in \mathrm{SFD}(\boldsymbol{x}^*, \Omega).$$

定理 1.4.6 表明：在最优解 $\boldsymbol{x}^*$ 处不存在可行的下降方向. 这从几何直观上很明显，我们可以简单通过一个例子给出直观解释：

例 1.4.2

$$\begin{aligned} \min_{\boldsymbol{x}} \quad & f(\boldsymbol{x}) = x_1^2 + x_2^2 \\ & c_1(\boldsymbol{x}) = (x_1 - 1)^2 + x_2^2 \leqslant 1, \\ & c_2(\boldsymbol{x}) = x_2^2 - x_1 + 1 \leqslant 0. \end{aligned} \tag{1.14}$$

问题(1.14) 的可行域为图 1.6 中的阴影区域，最优解点为 $\boldsymbol{x}^* = (1, 0)^{\mathrm{T}}$. 在该点处，可行域中不存在与 $\nabla f(\boldsymbol{x}^*)$ 夹钝角的方向，即不存在下降方向.

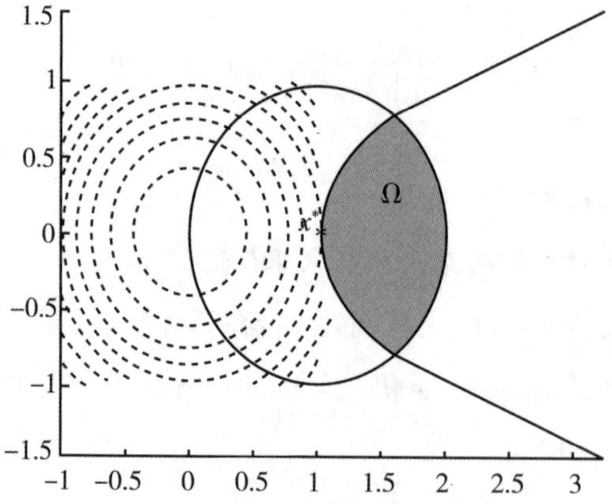

图 1.6　约束问题最优性条件的示例

根据定理 1.4.6 和 Farkas 引理 1.3.3，我们可以得到约束优化问题的一阶必要条件，即著名的 Kuhn-Tucker 定理.

定理 1.4.7（Kuhn-Tucker 定理） 设 $\boldsymbol{x}^*$ 是(1.12) 的局部极小值点，如果 $f(\boldsymbol{x})$，$c_i(\boldsymbol{x})$，$i = 1, \cdots, m$，在 $\boldsymbol{x}^*$ 处连续可微，且满足：

$$\mathrm{SFD}(\boldsymbol{x}^*, \Omega) = \mathrm{LFD}(x^*, \Omega), \tag{1.15}$$

则存在 $\boldsymbol{\lambda}_i^*$ $(i = 1, \cdots, m)$，使得

$$\nabla f(\boldsymbol{x}^*) + \sum_{i=1}^{m_e} \boldsymbol{\lambda}_i^* \nabla c_i(\boldsymbol{x}^*) + \sum_{i=m_e+1}^{m} \boldsymbol{\lambda}_i^* \nabla c_i(\boldsymbol{x}^*) = 0, \tag{1.16}$$

$$\boldsymbol{\lambda}_i^* c_i(\boldsymbol{x}^*) = 0, \boldsymbol{\lambda}_i^* \geqslant 0, i = m_e + 1, \cdots, m. \tag{1.17}$$

与式(1.16) 密切相关的一个函数是

$$L(\boldsymbol{x}, \boldsymbol{\lambda}) = f(\boldsymbol{x}) + \sum_{i=1}^{m} \boldsymbol{\lambda}_i c_i(\boldsymbol{x}). \tag{1.18}$$

式(1.18) 的思想可追溯到 Lagrange(1760—1761 年)，被称为 **Lagrange 函数**，$\boldsymbol{\lambda}_i (i = 1, \cdots, m)$ 被称为 Lagrange 乘子.

定理 1.4.7 分别由 Karush(1939 年) 以及 Kuhn 和 Tucker(1951 年) 独立地给出，该定理通常被称为 Karush-Kuhn-Tucker(KKT) 定理，满足式(1.16) 和式(1.17) 的 $\boldsymbol{x}^*$，被称为 **K-K-T** 点. 由 KKT 定理可知：约束优化的局部解通常是 Lagrange 函数的稳定点，即满足 $\nabla_{\boldsymbol{x}} L(\boldsymbol{x}, \boldsymbol{\lambda}) = 0$ 的点.

定理 1.4.7 中，条件(1.15) 被称为**约束规格**(也被称为**约束规范条件，constraint qualification**)，它是 KKT 定理必不可少的前提，完善了 KKT 定理的严谨性. 如果缺少该条件，则一般用 Fritz John 条件来刻画约束问题的最优性条件. 该条件在约束函数都是线性函数的时候自动满足. 当约束函数非线性时，条件(1.15) 不容易直接计算验证，很多学者提出了新的约束规格，如 MFCQ、LICQ、Slater 约束规格等，想要了解更多，可参考文献[16][111]，这里不再赘述.

1.4.3 最优化算法框架

对大多数优化问题来说，很难直接得到问题的解析解，一般采用迭代算法求得问题的近似最优解点. 迭代法的基本思想是：给定一个初始点 $\boldsymbol{x}^{(0)}$，按照某一迭代规则产生一个迭代序列 $\{\boldsymbol{x}^{(k)}\}$，若该序列是有限的，则最后一个点即为问题的极小值点；不然，当序列 $\{\boldsymbol{x}^{(k)}\}$ 是无穷点列时，它有极限点，且该极限点为问题的最优解点.

对一般的优化问题，我们可给出如下的一般算法框架：

算法 1.4.1(优化问题的算法框架)

步 0：给定初始点$\boldsymbol{x}^{(0)}$，精度参数，令：$k=0$；

步 1：确定$\boldsymbol{x}^{(k)}$处的搜索方向$\boldsymbol{d}^{(k)}$；

步 2：确定$\boldsymbol{x}^{(k)}$处的搜索步长$\alpha_k>0$；

步 3：$\boldsymbol{x}^{(k+1)}=\boldsymbol{x}^{(k)}+\alpha_k\boldsymbol{d}^{(k)}$；

步 4：判断$\boldsymbol{x}^{(k+1)}$是否满足终止准则，若是，则终止迭代；不然，$k:=k+1$，转步 1.

在实际求解过程中，研究者根据需要，给出不同的确定搜索方向和搜索步长的方法，从而可以得到不同的算法. 也有学者不通过线搜索方法来确定迭代点，而是通过寻找可信赖的区域，在信赖域中找合适的迭代点来构造算法，由此得到了一系列的信赖域算法(见文献[154]). 出于篇幅考虑，本书不予介绍.

算法的收敛性是衡量算法好坏的一个重要方面，一般分为局部收敛和全局收敛.

定义 1.4.8　当初始点$\boldsymbol{x}^{(0)}$充分接近解点$\boldsymbol{x}^*$时，若算法产生的迭代点列$\{\boldsymbol{x}^{(k)}\}$收敛到$\boldsymbol{x}^*$，则称算法具有**局部收敛性**. 若对任意的初始点，算法产生的迭代点列都能收敛到解点，则该算法是**全局收敛**的.

算法的收敛速度是衡量算法好坏的另一个重要指标.

定义 1.4.9　设算法产生的迭代点列$\{\boldsymbol{x}^{(k)}\}$收敛到$\boldsymbol{x}^*$，且

$$\lim_{k\to+\infty}\frac{\|\boldsymbol{x}^{(k)}-\boldsymbol{x}^*\|}{\|\boldsymbol{x}^{(k)}-\boldsymbol{x}^*\|^p}=C\neq 0,$$

(1) 若$p=1$，$0<C<1$，则称算法是线性收敛的；

(2) 若$p=1$，$C=0$，则称算法是超线性收敛的；

(3) 若$p>1$，$C>0$，则称算法是p阶收敛的；特别地，若$p=2$，则称算法是平方收敛或二阶收敛.

除了根据算法的收敛性来对算法进行分类，根据算法所需要的信息，还可将算法分为：零阶算法、一阶算法和二阶算法、分数阶算法等. 零阶算法只利用到模型的函数值信息；一阶算法只利用到算法的函数值及梯度(或次梯度)信息；二阶算法除用到函数值和梯度值外，还需要用到二阶 Hesse 阵信息；分数阶算法将传统的一阶梯度推广到分数阶梯度，进而构造有效的算法.

仅收敛性和收敛速度并不足以作为比较不同算法效率和优劣的标准，我们还需要一套衡量问题难易程度和优化算法效率高低的理论，这被称为优化算法的复杂度分析理论. 复杂度分析一方面讨论运行算法占用计算机内存的多少，即空间复杂度；另一方面需要讨论算法的计算复杂度. 衡量计算复杂度可从两方面考虑：一是看将问题求解到给定精度，所

需要调用子程序的次数，即分析复杂度；再是看将问题求解到给定精度，需要执行的算术运算次数，即算术复杂度. 后续章节我们会简单给出相关算法的复杂度分析的结论，更多详细和具体的讨论，可以参阅[143]等文献.

算法的稳定性是讨论算法优劣的另一个标准. 实际应用中，很多时候数据并不是精确的，而是带有误差或扰动. 如果对于有扰动或带误差的初始数据，在算法的计算过程中，误差不增长或不放大，得到的扰动解跟问题的精确解的误差可接受，则称该算法是稳定的. 对算法的稳定性分析(也称敏感性分析、扰动分析)以及如何建立对扰动数据不敏感的鲁棒算法，也是目前机器学习的优化算法研究领域的讨论热点.

第 2 章　机器学习中的无约束优化模型及算法

本章主要介绍机器学习中的无约束优化模型的一阶及二阶算法. 其中, 一阶算法是指利用模型的函数值及梯度或次梯度信息的梯度下降型算法, 本章具体介绍如下一阶算法: (次) 梯度下降算法及其加速、(次) 随机梯度下降算法及其加速、临近(次) 梯度下降型算法等; 二阶算法指利用二阶 Hesse 矩阵信息的 Newton 型算法, 本章具体介绍: 带线搜索的 Newton 算法、动态取样牛顿算法、临近 Newton 算法、拟牛顿型算法等. 相关内容主要参阅[6][11][12][17][26][92] 等文献.

2.1　无约束机器学习模型的一阶算法

本节介绍机器学习中给出的无约束优化模型的一阶算法, 即讨论只利用目标函数的函数值及(次) 梯度的相关信息, 来求解 $\min\limits_{\boldsymbol{x}\in\mathbb{R}^n} f(\boldsymbol{x})$ 的算法.

2.1.1　梯度下降算法

记 $\boldsymbol{x}^{(k)}$ 为第 k 步产生的迭代点, 下降算法需要找到一个搜索方向, 沿该搜索方向函数值下降. 要确保是下降方向, 该方向 $\boldsymbol{d}$ 应该满足下降条件 $\boldsymbol{g}_k^{\mathrm{T}}\boldsymbol{d} < 0$($\boldsymbol{g}_k$ 为第 k 步迭代点处的梯度向量). 虽然满足该下降条件的下降方向有无穷多个, 但要使 $|\boldsymbol{g}_k^{\mathrm{T}}\boldsymbol{d}|$ 达到最大值且满足 $\|\boldsymbol{d}\| = 1$ 的方向仅有一个. 由 Cauchy-Schwarz 不等式 $|\boldsymbol{g}_k^{\mathrm{T}}\boldsymbol{d}| \leqslant \|\boldsymbol{g}_k\| \|\boldsymbol{d}\|$ 知: 当且仅当 $\boldsymbol{d} = -\dfrac{\boldsymbol{g}_k}{\|\boldsymbol{g}_k\|}$ 时, 等式成立, $\boldsymbol{g}_k^{\mathrm{T}}\boldsymbol{d}$ 取到最小. 由于实际计算时, 还需要在搜索方向上考虑步长, 所以一般直接取搜索方向 $\boldsymbol{d}$ 为负梯度方向, 即 $\boldsymbol{d} = -\boldsymbol{g}_k$. 通常, 负梯度方向也被称为最速下降方向, 因此以负梯度方向为迭代方向的方法也常被称为最速下降算法或梯度下降算法 (Gradient Descent, GD).

常规的 GD 算法的计算步骤如下：

算法 2.1.1(GD 算法)

步 0：给定初始点$\boldsymbol{x}^{(0)} \in \mathbb{R}^n$，算法精度参数$\epsilon > 0$，$k = 0$；

步 1：若满足算法的终止准则(常用$\|\boldsymbol{g}_k\| \leqslant \epsilon$)，则迭代停止；

步 2：计算搜索方向$\boldsymbol{d}^{(k)} = -\boldsymbol{g}_k$；

步 3：计算搜索步长$\lambda_k > 0$；

步 4：$\boldsymbol{x}^{(k+1)} = \boldsymbol{x}^{(k)} + \lambda_k \boldsymbol{d}^{(k)}$，$k := k + 1$，转步 1.

在算法 2.1.1 步 3 中，步长λ_k的计算有多种方式，如果采用精确线搜索计算，即

$$\lambda_k = \arg\min_{\lambda > 0} f(\boldsymbol{x}^{(k)} + \lambda \boldsymbol{d}^{(k)}),$$

此时算法即为经典的最速下降算法(Steepest Descent，SD). 但要精确计算λ_k，需要求解一个一元函数的最小值，计算较为繁琐. 在实际应用中，常采用不精确线搜索来确定步长，即不要求$\lambda_k = \arg\min\limits_{\lambda > 0} f(\boldsymbol{x}^{(k)} + \lambda \boldsymbol{d}^{(k)})$，只要保证$\lambda_k$满足函数值单调递减，即满足$f(\boldsymbol{x}^{(k)} + \lambda_k \boldsymbol{d}^{(k)}) < f(\boldsymbol{x}^{(k)})$即可. 不精确线搜索的方法有多种，比较常用的有：Armijo 线搜索、Wolfe 线搜索、Goldstein 线搜索等，常步长$\lambda_k = \lambda$也是一种策略，目前在机器学习的优化算法中应用比较多. 除了线搜索策略外，信赖域方法是另一种搜索策略. 因为篇幅所限，我们仅给出线搜索框架下的一些算法结论. 更详细的介绍可以参考[155]等文献.

根据对目标函数的不同假设和各种步长选择策略，可以得到很多关于 GD 算法的收敛结果. 这里，我们仅分别列出经典的精确线搜索下的收敛性结论和机器学习中常用的常步长搜索的收敛结果，具体的证明以及其他收敛结果，可以参考文献[155][85].

定理 2.1.1 ([155]，定理 3.1.2、定理 3.1.5，带精确线搜索的 GD 算法的收敛性和收敛速度) 如果$f(\boldsymbol{x})$二次连续可微，且$\|\nabla^2 f(\boldsymbol{x})\| \leqslant M$，则对任意给定的初始点$\boldsymbol{x}^{(0)}$，算法 2.1.1 如果不有限步终止，则必有

$$\lim_{k \to +\infty} \|\nabla f(\boldsymbol{x}^{(k)})\|_2 = 0 \text{ 或 } \lim_{k \to +\infty} f(\boldsymbol{x}^{(k)}) = -\infty.$$

并且，如果$\boldsymbol{x}^{(k)} \to \boldsymbol{x}^*$，$\nabla f(\boldsymbol{x}^*) = 0$，$\nabla^2 f(\boldsymbol{x}^*)$正定，则有

$$\left| \frac{f(\boldsymbol{x}^{(k+1)}) - f(\boldsymbol{x}^*)}{f(\boldsymbol{x}^{(k)}) - f(\boldsymbol{x}^*)} \right| = \delta_k < 1,$$

且

$$\limsup_{k \to +\infty} \delta_k \leqslant \frac{M - m}{M} < 1,$$

这里，m、M分别为$\nabla^2 f(x^*)$的特征值的上下界.

定理 2.1.2 ([85]，定理 3.3、定理 3.4，常步长的 GD 算法的收敛性和收敛速度) 如果

$f:\mathbb{R}^n\to\mathbb{R}$光滑凸，且梯度 Lipschitz 连续，即：$\|\nabla f(\boldsymbol{x})-\nabla f(\boldsymbol{y})\|_2\leqslant L\|\boldsymbol{x}-\boldsymbol{y}\|_2$，$\forall \boldsymbol{x},\boldsymbol{y}\in\mathbb{R}^n$，算法 2.1.1 中，$\lambda_k=\lambda\leqslant\dfrac{1}{L}$，$\forall k\geqslant 1$，$\{\boldsymbol{x}^{(k)}\}$ 为算法产生的迭代序列，则有

$$f(\boldsymbol{x}^{(k+1)})-f(\boldsymbol{x})\leqslant\frac{1}{2\lambda k}\|\boldsymbol{x}^{(1)}-\boldsymbol{x}\|^2,\ \forall\boldsymbol{x}\in\mathbb{R}^n.$$

如果f还是强凸的，则有

$$\|\boldsymbol{x}^{(k+1)}-\boldsymbol{x}\|_2^2\leqslant\left(1-\frac{\mu}{L}\right)^k\|\boldsymbol{x}^{(1)}-\boldsymbol{x}\|_2^2.$$

当目标函数f不可微时，GD 算法可以推广为次梯度下降算法，这里我们仅列出不精确线搜索时，不可微强凸目标函数的次梯度下降算法的收敛性结论.

假设 2.1.1　f 为 Lipschitz 连续的强凸函数，即：$\exists M>0$，使得 $|f(\boldsymbol{x})-f(\boldsymbol{y})|\leqslant M\|\boldsymbol{x}-\boldsymbol{y}\|_2$，$\forall\boldsymbol{x},\boldsymbol{y}\in\mathbb{R}^n$，且 $\exists\mu>0$，使得$f(\boldsymbol{y})\geqslant f(\boldsymbol{x})+g(\boldsymbol{x})^{\mathrm{T}}(\boldsymbol{y}-\boldsymbol{x})+\dfrac{\mu}{2}\|\boldsymbol{y}-\boldsymbol{x}\|_2^2$，$g(\boldsymbol{x})\in\partial f(\boldsymbol{x})$，$\forall\boldsymbol{x},\boldsymbol{y}\in\mathbb{R}^n$.

定理 2.1.3([85]，推论 3.3，非光滑凸的次梯度下降法的收敛性)　如果假设 2.1.1 成立，在算法 2.1.1 中，取步长$\lambda_k=\dfrac{2}{\mu k}$，记$\bar{\boldsymbol{x}}^{(k)}=\left(\sum_{t=1}^{k}\lambda_t\right)^{-1}\sum_{t=1}^{k}\lambda_t\boldsymbol{x}^{(t)}$，$\boldsymbol{g}_k\in\partial f(\boldsymbol{x}^{(k)})$，则有

$$f(\bar{\boldsymbol{x}}^{(k)})-f(\boldsymbol{x})+\frac{\mu k}{2(k+1)}\|\boldsymbol{x}^{(k+1)}-\boldsymbol{x}\|^2\leqslant\frac{4M^2}{\mu(k+1)},\ \forall\boldsymbol{x}\in\mathbb{R}^n.$$

除了算法的收敛性，算法的复杂度也是分析的一个方面. 算法 2.1.1 中，如果算法终止准则取为$\min\limits_{0\leqslant k\leqslant N}\|\nabla f(\boldsymbol{x}^{(k)})\|\leqslant\epsilon$，可以得出如下 GD 算法解无约束问题的分析复杂度结论：

定理 2.1.4　([143]，定理 2.1，GD 算法的分析复杂度）如果f 是$\mathbb{R}^n$ 上的下方有界的 Lipschitz 连续可微函数，取$\bar{\boldsymbol{x}}$ 满足$\|\nabla f(\bar{\boldsymbol{x}})\|=\min\limits_{0\leqslant k\leqslant N}\|\nabla f(\boldsymbol{x}^{(k)})\|$，则算法 2.1.1 的最大迭代次数的上界为：

$$N(\epsilon)\leqslant\frac{L(f(\boldsymbol{x}^{(0)}))-f^*}{\omega\epsilon^2},$$

其中，ω 为常数，其值取决于步长选择策略.

考虑到实际应用中，很多数据无法精确得到，当数据带有误差扰动时，给定的算法求出的解是否仍能保证具有一定的可信性，这是算法的稳定性讨论需要研究的问题. 文献[35] 对优化目标的函数值及梯度信息都不精确时，常用一阶算法的收敛情况. 这里，我们简单列出该文献关于带扰动信息的 GD 算法的结论.

定义 2.1.1([35]，Definition 1)　给定一个凸集 Q 上的凸函数f，称f 配备了一阶(δ, L)- 子程序信息(oracle)，如果对 $\forall\boldsymbol{y}\in\mathbb{R}^n$，我们可以算得一对$f_{\delta,L}(\boldsymbol{y})$，$\boldsymbol{g}_{\delta,L}(\boldsymbol{y})$，使得

$$0 \leqslant f(\boldsymbol{x}) - (f_{\delta,L}(\boldsymbol{y}) + \boldsymbol{g}_{\delta,L}(\boldsymbol{y})^{\mathrm{T}}(\boldsymbol{x}-\boldsymbol{y})) \leqslant \frac{L}{2}\|\boldsymbol{x}-\boldsymbol{y}\|^2 + \delta,\ \forall \boldsymbol{x} \in \mathbb{R}^n.$$

这里，δ 被称为子程序的精度(accuracy of the oracle).

当允许不精确计算时，常规的 GD 算法可做修正.

算法 2.1.2(带扰动的 GD 算法)

步 0：给定初始点$\boldsymbol{x}^{(0)} \in \mathbb{R}^n$，算法精度参数$\epsilon > 0$，$k = 0$；

步 1：选择δ_k，L_k，得$f_{\delta,L}(\boldsymbol{x}^{(k)})$，$\boldsymbol{g}_{\delta,L}(\boldsymbol{x}^{(k)})$；

步 2：若满足算法的终止准则(常用$\|\boldsymbol{g}_k\| \leqslant \epsilon$)，则迭代停止；

步 3：$\boldsymbol{x}^{(k+1)} = \boldsymbol{x}^{(k)} - \dfrac{1}{L_k}\boldsymbol{g}_{\delta,L}(\boldsymbol{x}^{(k)})$，$k := k+1$，转步 1.

对于算法 2.1.2，有如下结论：

定理 2.1.5([35], Theorem 2) 对$k \geqslant 1$，有

$$\sum_{i=0}^{k-1} \frac{1}{L_i}[f(\boldsymbol{x}^{(k+1)}) - f(\boldsymbol{x}^*)] \leqslant \frac{1}{2}\|\boldsymbol{x}^{(0)} - \boldsymbol{x}^*\|_2^2 + \sum_{i=0}^{k-1}\frac{\delta_i}{L_i}.$$

记$\hat{\boldsymbol{x}}^{(k)} = \dfrac{\sum_{i=0}^{k-1} L_i^{-1}\boldsymbol{x}^{(i+1)}}{\sum_{i=0}^{k-1} L_i^{-1}}$，由$f$凸，有

$$f(\hat{\boldsymbol{x}}^{(k)}) - f(\boldsymbol{x}^*) \leqslant \frac{\frac{1}{2}\|\boldsymbol{x}^{(0)} - \boldsymbol{x}^*\|_2^2 + \sum_{i=0}^{k-1} L_i^{-1}\delta_i}{\sum_{i=0}^{k-1} L_i^{-1}}.$$

特殊的，如果$\delta_i = \delta$，$L_i = L$，则有

$$f(\hat{\boldsymbol{x}}^{(k)}) - f(\boldsymbol{x}^*) \leqslant \frac{LR^2}{2k} + \delta,\ R \triangleq \|\boldsymbol{x}^{(0)} - \boldsymbol{x}^*\|_2. \tag{2.1}$$

由式(2.1)，给定算法精度ϵ ($\epsilon > \delta$)，只需要迭代$k > \dfrac{LR^2}{2(\epsilon - \delta)}$就可以达到精度要求. 带常值扰动的梯度下降算法与精确的梯度下降算法有相同的收敛阶.

2.1.2 加速梯度下降算法

梯度下降算法是优化算法中最为常用的算法之一，它不需要知道目标函数的高阶信息，容易数值实现. 但是，传统的梯度下降算法收敛速度较慢. 对于L- 光滑的一般凸函数，算法只有$O\left(\dfrac{1}{k}\right)$的次线性收敛速度. 为此，很多学者致力于研究如何在不需要更强的假设

条件下，借助一些技巧，得到收敛速度更快的加速算法. 我们这里以最早的 Polyak 的重球法[112] 和经典的Nesterov 的加速梯度法[100] 为例，对梯度下降的加速算法简单加以介绍(相关结论主要参照文献[92]，当需要对加速算法了解更多时，可查阅该著作).

1. 重球法

不同于梯度下降算法每步迭代只用到上一步迭代点的函数值和负梯度信息，重球法的每次迭代执行如下操作：

$$\boldsymbol{x}^{(k+1)} = \boldsymbol{x}^{(k)} - \lambda_k \boldsymbol{g}_k + \mu_k(\boldsymbol{x}^{(k)} - \boldsymbol{x}^{(k-1)}). \tag{2.2}$$

式(2.2)的迭代方向可以看成负梯度方向$\boldsymbol{g}_k = -\nabla f(\boldsymbol{x}^{(k)})$和前一步的动量(momentum)方向$\boldsymbol{x}^{(k)} - \boldsymbol{x}^{(k-1)}$的线性组合. 重球法将动量加入梯度下降方向里来，一定程度上能使梯度下降算法跳出局部极小值点，有助于找到目标函数值更小的点. 直观上理解，如果每步迭代都是朝着最优解方向移动的话，$\boldsymbol{x}^{(k)} - \boldsymbol{x}^{(k-1)}$ 方向也是朝着这个方向，增加相同方向的冲量可以加快算法的收敛速度.

研究者已经证明：对一般凸的L-光滑函数，重球法和梯度下降算法具有相同的$O\left(\frac{1}{k}\right)$的收敛速度[50]，当目标函数是$L$-光滑的$\mu$-强凸函数，并且二阶连续可微时，算法具有$O\left((1-\sqrt{\frac{\mu}{L}})^k\right)$的线性收敛速度[105].

2. Nesterov 加速梯度法

Nesterov 加速梯度下降算法(Accelerated Gradient Descent，AGD)是梯度下降算法的改进版本，由 Nesterov 在 1983 年首次提出. 当求解L-光滑、一般凸问题的时候，AGD 算法具有$O\left(\frac{1}{k^2}\right)$的加速次线性收敛速度[102]. 该算法的实现步骤可大致描述如下：

算法 2.1.3(AGD 算法)

步 0：给定初始点$\boldsymbol{x}^{(0)} \in R^n$，最大迭代次数$K$，$k=0$，$t_0=0$，$\boldsymbol{y}^{(0)}=\boldsymbol{x}^{(0)}$；

步 1：计算$\boldsymbol{g}_k = \nabla f(\boldsymbol{x}^{(k)})$，$\boldsymbol{y}^{(k+1)} = \boldsymbol{x}^{(k)} - \frac{1}{L}\boldsymbol{g}_k$；

步 2：计算$t_{k+1} = \frac{1+\sqrt{1+4t_k^2}}{2}$；

步 3：$x^{(k+1)} = y^{(k+1)} + \frac{t_k - 1}{t_{k+1}}(y^{(k+1)} - x^{(k)})$，$k = k + 1$；

步 4：输出$x^{(K)}$.

类似于重球法，加速梯度法同样在梯度下降法的基础上引入了冲量的概念. 不同的是，加速梯度法是计算一个简单的梯度下降步后，再通过先前的点$y^{(k)}$给定的方向上轻微地滑动远离$y^{(k+1)}$.

2.1.3　随机梯度下降算法

对于无约束优化问题而言，GD 算法是比较通用的算法，该算法的收敛性有丰富的理论保证，在数据规模和维数相对较小的情况下非常有效. 但对于大规模机器学习问题，如果直接采用GD算法，每步迭代都需要访问所有样本数据，进而导致计算开销负担过大，从而无法解决实际的机器学习问题.

考虑到很多机器学习的优化模型，目标函数都是有限个函数和(finite sum) 的结构，即

$$f(x) = \sum_{i=1}^{n} f_i(x), \tag{2.3}$$

这里n通常指样本点的个数. 对于这类问题，通常的一步梯度下降需要用到n个点的信息，当数据规模大的时候，一步迭代的花费较大. 因此，考虑比较多的是给出随机梯度下降(Stochastic Gradient Descent，SGD) 算法. 该算法的大致框架如下所示：

算法 2.1.4(SGD 算法)

步 0：给定初始点$x^{(0)} \in \mathbb{R}^n$，最大迭代次数T，步长$\{\eta_k\}_{k=1}^{T}$，$x^{(1)} = x^{(0)}$，$k = 1$；

步 1：随机抽取样本序号$i_k \in \{1, \cdots, n\}$，计算随机梯度$g_k = \nabla f_{ik}(x^{(k)})$；

步 2：$x^{(k+1)} = x^{(k)} - \eta_k g_k$；

步 3：$k := k + 1$，如果$k > T$，输出$x^{(k)}$，不然，转步 1.

注 2.1.1　在算法 2.1.4 步 1 中，随机梯度g_k除了从样本集中随机取一个样本序号计算得到之外，还有从样本集合中取一个子集来计算的 mini-batch、dynamic sampling 等随机取样策略计算得到. 由于篇幅所限，这里仅列出了最基础的取一个样本点的随机梯度型算法.

SGD算法的基本思想可追溯到1951年Robbins 和Monro 的里程碑工作[116]，不同于GD算法每步迭代需要计算全梯度，计算花费为$O(nd)$（n为样本点个数，d为问题的维数），SGD 算法每步迭代随机抽取一个样本，计算花费仅为$O(d)$. 此外，GD 算法容易限于局部极值点，SGD 算法由于引入了随机性，能有效地避免算法陷入局部极值点，并且避免了重

复多余的样本和对参数更新贡献较少的样本参与计算. 2004 年, 文献[156]利用 SGD 算法求解大规模线性预测问题, 实验揭示了SGD算法在大规模学习问题上只需要少量的迭代就可以达到最优性能. 基于 SGD, 文献[124]中提出了 Pegasos 算法, 该算法在 RCV1 数据集(数据规模 $n = 80414$, 样本维数 $d = 47236$) 上仅需几秒便可收敛. 这些都表明了 SGD 在大规模学习问题上的优势.

虽然 SGD 算法在实际大规模机器学习问题上比 GD 算法普适性更强, 但其理论上的收敛速度分析仍需改进. 基于 SGD 的 Pegasos 算法在目标函数强凸的假设下, 可以得到 $O(\log T/T)$ 的收敛率. 为提高 SGD 的收敛率, 基于不同的技巧, 很多学者发展出了多种改进算法, 如: 基于 Epoch 的 Epoch-GD 随机算法[59]、基于 α-suffix 技巧的 SGD 方法[114]、基于动量方法(Momentum Method, 也被称为 Heavy-ball Method)[112] 和 Nesterov 加速梯度方法的 SGD 加速算法[100][72][161][140] 等.

注意到导致 SGD 算法收敛变慢的一个原因是随机性的引入而导致了随机梯度的方差, 即: $E_{ik}[\|\nabla f_{ik}(\boldsymbol{x}) - f(\boldsymbol{x})\|^2]$, 为缓和随机梯度的方差对算法收敛的影响, 常选择多项式衰减(polynomially decaying) 的步长方案来消除方差对收敛性的影响, 如: 取步长 $\boldsymbol{\eta}_k = O(1/\sqrt{k})$ 或 $\boldsymbol{\eta}_k = O(1/k)$. 此外, 近年来, 很多基于方差约减(variance reduction) 的方法被提出来改进 SGD 的收敛率, 比较典型的包括 SAG 方法[121]、基于方差减小的随机梯度下降(Stochastic Variance Reduced Gradient, SVRG) 算法[81]、基于对偶方法的随机对偶坐标上升(Stochastic Dual Coordinate Ascent, SDCA) 方法[122]、组合 SAG 和 SVRG 方法的随机方差减小方法 SAGA[32]、基于几何采样的半随机梯度下降方法(Semi-stochastic Gradient De-scent, S2GD)[84]、ASDCA[123]、基于动量加速方差减小的随机梯度下降方法 Acc-Prox-SVRG[103]、APCG[93]、point-SAGA[31] 等, 这里不展开叙述.

2.1.4　临近梯度下降算法

很多机器学习模型是如下形式的优化问题:

$$\min_{\boldsymbol{x} \in \mathbb{R}^n} f(\boldsymbol{x}) = g(\boldsymbol{x}) + h(\boldsymbol{x}), \tag{2.4}$$

其中, $g(\boldsymbol{x})$ 为可微的凸函数, $h(\boldsymbol{x})$ 是凸但不一定可微的简单凸函数, 如: $h(\boldsymbol{x}) = \|x\|_1$. 由于问题第二部分的非光滑函数, 直接利用梯度下降或其加速算法不可行, 次梯度算法虽然可行, 但收敛速度比较慢. 目前, 多数考虑给出利用问题结构的临近梯度型算法(Proximal Gradient Descent Algorithms, PGD). 为此, 我们先回顾临近算子的定义及性质.

1. 临近算子的定义及性质

定义 2.1.2 对给定的凸函数 $h(\boldsymbol{x})$，定义该函数在点 $\boldsymbol{x}$ 处的临近算子(proximal operator，有些文献也称为临近映射 proximal mapping) 如下：

$$\operatorname{prox}_h(\boldsymbol{x}) = \arg\min_{\boldsymbol{y}\in\mathbb{R}^n}\left\{h(\boldsymbol{y}) + \frac{1}{2}\|\boldsymbol{y}-\boldsymbol{x}\|_2^2\right\}. \tag{2.5}$$

这里，arg min 意思是指 $\operatorname{prox}_h(\boldsymbol{x})$ 是函数 $h(\boldsymbol{y}) + \frac{1}{2}\|\boldsymbol{y}-\boldsymbol{x}\|_2^2$ 的极小值点.

当 $h(\boldsymbol{x})$ 具有不同的形式时，临近算子有不同的形式，如：

例 2.1.1 (1) 当 $h(\boldsymbol{x})=0$ 时，$\operatorname{prox}_h(\boldsymbol{x})=\boldsymbol{x}$；

(2) 若 $h(\boldsymbol{x})$ 为给定集合的指示函数，即：

$$h(\boldsymbol{x}) = I_C(\boldsymbol{x}) = \begin{cases} 0, & \boldsymbol{x}\in C,\\ \infty & \text{其他} \end{cases}$$

时，$\operatorname{prox}_h(x) = \arg\min_{\boldsymbol{y}\in C}\|\boldsymbol{y}-\boldsymbol{x}\|_2^2$，此时 $\operatorname{prox}_h(\boldsymbol{x})$ 即为集合 C 上的投影算子；

(3) 当 $h(\boldsymbol{x})=\|\boldsymbol{x}\|_1$ 时，$\lambda>0$ 为给定的常数，$\operatorname{prox}_{\lambda h}(\boldsymbol{x})$ 为软阈值算子(soft-threshold operator)(2.6)：对每个 $i=1,\cdots,n$，

$$\begin{aligned}(\operatorname{prox}_{\lambda h}(\boldsymbol{x}))_i &= (\operatorname{sign}(\boldsymbol{x})\max\{|x|-\lambda,0\})_i\\ &= \begin{cases} x_i-\lambda, & x_i>\lambda,\\ 0, & |x_i|\leqslant\lambda,\\ x_i+\lambda, & x_i<-\lambda; \end{cases}\end{aligned} \tag{2.6}$$

(4) $h(\boldsymbol{x}) = \frac{1}{2}\boldsymbol{x}^{\mathrm{T}}\boldsymbol{A}\boldsymbol{x}+\boldsymbol{b}^{\mathrm{T}}\boldsymbol{x}+c$，$\boldsymbol{A}\geqslant\boldsymbol{0}$，$\operatorname{prox}_{\lambda h}(\boldsymbol{x}) = (I+\lambda\boldsymbol{A})^{-1}(\boldsymbol{x}-\lambda\boldsymbol{b})$；

(5) $h(\boldsymbol{x})=\|\boldsymbol{x}\|_2$，$\operatorname{prox}_{\lambda h}(\boldsymbol{x}) = \begin{cases}\left(1-\dfrac{\lambda}{\|\boldsymbol{x}\|_2}\right)\boldsymbol{x}, & \|\boldsymbol{x}\|_2\geqslant\lambda,\\ 0, & \text{其他};\end{cases}$

(6) $h(\boldsymbol{x}) = -\sum_{i=1}^{n}\log(x_i)$，$\operatorname{prox}_{\lambda h}(\boldsymbol{x})_i = \dfrac{x_i+\sqrt{x_i^2+4\lambda}}{2}$，$i=1,\cdots,n$.

基于临近算子的定义，容易得出如下性质：

命题 2.1.1 (1) 对任意的凸函数 $h(\cdot)$，对每一个给定的 $\boldsymbol{x}$，$\operatorname{prox}_h(\boldsymbol{x})$ 一定存在；如果 $h(\cdot)$ 为强凸函数，则对给定的 $\boldsymbol{x}$，$\operatorname{prox}_h(\boldsymbol{x})$ 存在且唯一；

(2) 临近算子是非扩张的(non-expansive)，即

$$\|\operatorname{prox}_h(\boldsymbol{x}) - \operatorname{prox}_h(\boldsymbol{y})\| \leqslant \|\boldsymbol{x} - \boldsymbol{y}\|,\ \forall \boldsymbol{x}, \boldsymbol{y} \in \mathbb{R}^n;$$

(3) $\boldsymbol{x}^*$ 为(2.4)的解当且仅当 $\boldsymbol{x}^*$ 满足 $\boldsymbol{x}^* = \operatorname{prox}_h(\boldsymbol{x}^* - \lambda \nabla g(\boldsymbol{x}^*))$.

命题 2.1.2　临近算子满足如下一些代数运算规律：

(1) 若 $h([x_1, x_2]) = h_1(x_1) + h_2(x_2)$，则

$$\operatorname{prox}_h([x_1, x_2]) = [\operatorname{prox}_{h_1}(x_1), \operatorname{prox}_{h_2}(x_2)];$$

(2) 若 $h(\boldsymbol{x}) = \hat{h}(ax+b)$，则 $\operatorname{prox}_h(x) = \dfrac{1}{a}(\operatorname{prox}_{a^2\hat{h}}(ax+b) - b)$，这里 a 是不为零的数；

(3) 若 $h(\boldsymbol{x}) = \lambda \hat{h}(\boldsymbol{x}/\lambda)$，则 $\operatorname{prox}_h(x) = \lambda \operatorname{prox}_{\lambda^{-1}\hat{h}}(\boldsymbol{x}/\lambda)$；

(4) 若 $h(\boldsymbol{x}) = \hat{h}(\boldsymbol{x} + \boldsymbol{a}^{\mathrm{T}}\boldsymbol{x})$，则 $\operatorname{prox}_h(\boldsymbol{x}) = \operatorname{prox}_{\hat{h}}(\boldsymbol{x} - \boldsymbol{a})$；

(5) 若 $h(\boldsymbol{x}) = \lambda \hat{h}(\boldsymbol{x}) + \dfrac{\mu}{2}\|\boldsymbol{x} - \boldsymbol{a}\|_2^2$，则 $\operatorname{prox}_h(\boldsymbol{x}) = \operatorname{prox}_{\theta\hat{g}}(\theta\boldsymbol{x} + (1 - \theta\boldsymbol{a}))$，其中，$\mu > 0$，$\theta = 1/(1+\mu)$；

(6) Moreau 分解：对任意的 $\boldsymbol{x}$，有：$\boldsymbol{x} = \operatorname{prox}_h(\boldsymbol{x}) + \operatorname{prox}_{h^*}(\boldsymbol{x})$，这里 h^* 为 h 的共轭函数.

2. 临近梯度下降算法及收敛性

对模型(2.4)，临近梯度算法每步执行如下操作：

对给定的迭代点 $\boldsymbol{x}^{(k)}$，

$$\begin{aligned} x^{(k+1)} &= \arg\min_{\boldsymbol{x}} \{g(\boldsymbol{x}^{(k)}) + \nabla g(\boldsymbol{x}^{(k)})^{\mathrm{T}}(\boldsymbol{x} - \boldsymbol{x}^{(k)}) + \frac{1}{2\lambda_k}\|\boldsymbol{x} - \boldsymbol{x}^{(k)}\|_2^2 + h(\boldsymbol{x})\} \\ &= \arg\min_{\boldsymbol{x}} \frac{1}{2\lambda_k}\|\boldsymbol{x} - (\boldsymbol{x}^{(k)} - \lambda \nabla g(\boldsymbol{x}^{(k)}))\|_2^2 + h(\boldsymbol{x}) \\ &= \operatorname{prox}_{\lambda_k h}(\boldsymbol{x}^{(k)} - \lambda_k \nabla g(\boldsymbol{x}^{(k)})), \end{aligned} \tag{2.7}$$

这里 λ_k 为步长，常固定为常步长，或是采用不精确线搜索来确定.

当采用不同的选择策略和对目标函数有不同的凸性假设时，临近梯度算法有不同的收敛性讨论. 文献[83]给出了一类相对弱的 Polyak-Lojasiewicz(PL)条件，基于该条件，文献作者给出了梯度型及近端梯度型算法收敛性的简单证明. 我们列出常步长时近端梯度法的一个收敛性的讨论结果，以供参考.

假设 2.1.2　假定模型(2.4)中，g 连续可微且梯度 L-Lipschitz 连续，即：存在 $L > 0$，使得 $\|\nabla g(\boldsymbol{x}) - \nabla g(\tilde{\boldsymbol{x}})\| \leqslant L\|\boldsymbol{x} - \tilde{\boldsymbol{x}}\|$，$\forall \boldsymbol{x}, \tilde{\boldsymbol{x}} \in \mathbb{R}^n$，$h$ 为简单的凸函数(可能非光滑).

假设 2.1.3　假设存在 $\mu > 0$，使得下式成立：

$$\frac{1}{2}D_h(\boldsymbol{x}, L) \geqslant \mu(f(\boldsymbol{x}) - f(\boldsymbol{x}^*)), \tag{2.8}$$

这里，$\boldsymbol{x}^*$ 为问题的最优解点，$D_h(\boldsymbol{x}, L) = -2L\min\limits_{\boldsymbol{y}}\{\nabla g(\boldsymbol{x})^{\mathrm{T}}(\boldsymbol{y}-\boldsymbol{x}) + \frac{L}{2}\|\boldsymbol{y}-\boldsymbol{x}\|^2 + h(\boldsymbol{y}) - h(\boldsymbol{x})\}$

定理2.1.6 假定模型(2.4)有非空解集，且满足假设2.1.2和2.1.3，则常步长$\lambda_k = 1/L$的近端梯度算法线性收敛到最优值f^*，即：迭代

$$\boldsymbol{x}^{(k+1)} = \arg\min_{\boldsymbol{y}}\{\nabla g(\boldsymbol{x})^{\mathrm{T}}(\boldsymbol{y} - \boldsymbol{x}(k)) + \frac{L}{2}\|\boldsymbol{y} - \boldsymbol{x}^{(k)}\|^2 + h(\boldsymbol{y}) - h(\boldsymbol{x}^{(k)})\}$$

产生的点列$\{\boldsymbol{x}^{(k)}\}$，$k = 0, 1, \cdots$，满足：

$$f(\boldsymbol{x}^{(k)}) - f^* \leqslant \left(1 - \frac{\mu}{L}\right)^k (f(\boldsymbol{x}^{(0)}) - f^*).$$

3. 加速临近梯度下降算法

在众多形如(2.4)的机器学习模型的求解上，相对于经典的次梯度型算法(收敛阶为$O(1/\sqrt{k})$)，临近梯度下降算法不仅收敛得更快(收敛阶为$O(1/k)$)，数值实现也更为便捷. 自该算法被提出，就受到了广泛的关注. 目前，已经有比较丰富的诸多改进算法，如：文献[136][92]中提到的各种加速改进算法等. 基于篇幅所限，我们仅简单介绍文献[6]中提出的经典的快速的迭代阈值收缩算法(A Fast Iterative Shrinkage-Thresholding Algorithm，FISTA)，该算法本质上是一类加速临近梯度算法，是将梯度下降算法中的Nesterov加速技术在临近梯度下降算法上的自然推广. 理论上可以证明：FISTA算法将临近梯度下降算法的收敛速度由$O\left(\frac{1}{k}\right)$提升到了$O\left(\frac{1}{k^2}\right)$.

记模型(2.4)中目标函数$f(\boldsymbol{x})$的二次近似函数为

$$Q_L(\boldsymbol{x}, \boldsymbol{y}) = g(\boldsymbol{y}) + \nabla g(\boldsymbol{y})^{\mathrm{T}}(\boldsymbol{x} - \boldsymbol{y}) + \frac{L}{2}\|\boldsymbol{x} - \boldsymbol{y}\|_2^2 + h(\boldsymbol{x}), \tag{2.9}$$

带回溯的FISTA算法的基本步骤如下：

算法 2.1.5

步0：取初始步长$\lambda_0 > 0$，常数$\eta > 1$，初始点$\boldsymbol{x}^{(0)} \in \mathbb{R}^n$，$\boldsymbol{y}^{(1)} = \boldsymbol{x}^{(0)}$，$t_1 = 1$，$k = 1$；

步1：记$i_k = \min\{i_k \in \mathbb{N}: \bar{\lambda} = \eta^{i_k}\lambda_{k-1}, f(\mathrm{prox}_{\bar{\lambda}}(\boldsymbol{y}^{(k)})) \leqslant Q_{\bar{\lambda}}(\mathrm{prox}_{\bar{\lambda}}(\boldsymbol{y}^{(k)}), \boldsymbol{y}^{(k)})\}$，$\lambda_k = \bar{\lambda}$，

$$
\begin{aligned}
\boldsymbol{x}^{(k)} &= \operatorname{prox} \lambda_k(\boldsymbol{y}^{(k)}), \\
t_{k+1} &= \frac{1+\sqrt{1+4t_k^2}}{2}, \\
\boldsymbol{y}^{(k+1)} &= \boldsymbol{x}^{(k)} + \frac{t_k - 1}{t_{k+1}}(\boldsymbol{x}^{(k)} - \boldsymbol{x}^{(k-1)});
\end{aligned}
\tag{2.10}
$$

步 2：$k = k + 1$，转步 1.

4. 不精确临近梯度下降算法

在很多实际问题中，$\operatorname{prox}_h(\boldsymbol{x})$ 如例 2.1.1 所示，有明确的显示表达式，即闭式解. 但也有很多应用问题，如可重叠的组 l_1 正则问题[75]、图引导的融合 lasso 问题[19] 等，这些问题相关的临近算子，要么不存在闭式解，要么计算花费太大，还有些问题数据本身带有噪声，或者没有办法精确求出梯度值，这些也都有可能导致算法不能精确实现. 由此，很多学者开始研究临近算法在梯度和临近算子不能精确求解的情况下，是否保证收敛[35][120]. 这里，我们仅对文献[120] 的工作简单加以介绍，以便让读者对非精确临近梯度型算法有个大致了解.

对给定模型(2.4)，文献[120] 假定 $g(\boldsymbol{x})$ 是光滑可微函数，其梯度是 L-Lipschitz 连续函数，假定 $h(\boldsymbol{x})$ 是下半连续的正常凸函数，假定模型的最优解存在，但不必唯一. 记$\boldsymbol{x}^{(k)}$ 为第 k 步迭代点，$\boldsymbol{x}^*$ 为最优解. 记e_k 为第 k 步迭代时，梯度计算产生的误差，ϵ_k 为由$\boldsymbol{x}^{(k)}$ 计算临近目标函数产生的误差，即

$$
\frac{L}{2}\|\boldsymbol{x}^{(k)} - \boldsymbol{y}\|^2 + h(\boldsymbol{x}^{(k)}) \leqslant \epsilon_k + \min_{\boldsymbol{x}\in\mathbb{R}^n}\left\{\frac{L}{2}\|\boldsymbol{x} - \boldsymbol{y}\|^2 + h(\boldsymbol{x})\right\}, \tag{2.11}
$$

这里，$\boldsymbol{y} = \boldsymbol{y}^{(k-1)} - 1/L(\nabla g(\boldsymbol{y}^{(k-1)}) + e_k)$.

不精确临近梯度算法的基本迭代步骤如下：

$$
\boldsymbol{x}^{(k)} = \operatorname{prox}_L(\boldsymbol{y}^{k-1} - 1/L(\nabla g(\boldsymbol{y}^{k-1}) + e_k)), \tag{2.12}
$$

这里，e_k 为不精确计算梯度产生的误差，如果是不精确临近梯度算法，$\boldsymbol{y}^k = \boldsymbol{x}^{(k)}$，若是加速算法，$\boldsymbol{y}^k = \boldsymbol{x}^{(k)} + t_k(\boldsymbol{x}^{(k)} - \boldsymbol{x}^{(k-1)})$，$t_k$ 为加速收敛选择的参数.

按如上迭代，可以得到如下不精确临近梯度算法的收敛结果：

定理 2.1.7([120], Proposition 1 和 Proposition 1)　如果假设成立，迭代格式(2.12)中$\boldsymbol{y}^{(k)} = \boldsymbol{x}^{(k)}$，则对所有的 $k \geqslant 1$，有

$$
f\left(\frac{1}{k}\sum_{i=1}^{k}\boldsymbol{x}^{(i)}\right) - f(\boldsymbol{x}^*) \leqslant \frac{L}{2k}\left(\|\boldsymbol{x}^{(0)} - \boldsymbol{x}^*\| + 2A_k + \sqrt{2B_k}\right)^2,
$$

这里，$A_k = \sum_{i=1}^{k}\left(\frac{\|e_i\|}{L} + \sqrt{\frac{2\epsilon_i}{L}}\right)$，$B_k = \sum_{i=1}^{k}\frac{\epsilon_i}{L}$.

如果迭代格式(2.12) 中$\boldsymbol{y}^{(k)} = \boldsymbol{x}^{(k)} + \frac{k-1}{k+2}(\boldsymbol{x}^{(k)} - \boldsymbol{x}^{(k-1)})$，则对所有的 $k \geqslant 1$，有

$$f(\boldsymbol{x}^{(k)}) - f(\boldsymbol{x}^*) \leqslant \frac{2L}{(k+1)^2}\left(\|\boldsymbol{x}^{(0)} - \boldsymbol{x}^*\| + 2\tilde{A}_k + \sqrt{2\tilde{B}_k}\right)^2,$$

这里，$\tilde{A}_k = \sum_{i=1}^{k} i\left(\frac{\|e_i\|}{L} + \sqrt{\frac{2\epsilon_i}{L}}\right)$，$\tilde{B}_k = \sum_{i=1}^{k}\frac{i^2\epsilon_i}{L}$.

2.1.5　临近随机梯度下降算法

在机器学习的很多诸如(2.4) 的模型中，$g(\boldsymbol{x})$ 经常是如下多个组分函数的和的形式：

$$g(\boldsymbol{x}) = \frac{1}{m}\sum_{i=1}^{m} g_i(\boldsymbol{x}), \tag{2.13}$$

这里，m 指样本点的个数. 对这样的问题，用临近梯度型下降算法每步迭代需要访问所有样本点，计算花费太大. 一个自然的考虑是将前面的随机梯度及其相关改进算法，与临近算子相结合，给出新的临近随机梯度下降算法. 如：文献[87] 中，将临近梯度下降法迭代步(2.7) 中的$\nabla g(\boldsymbol{x}^{(k)})$ 替换成$\nabla g_{ik}(\boldsymbol{x}^{(k)})$，$i_k$ 是从指标集$\{1, 2, \cdots, m\}$ 中随机选取的一个下标，步长$\lambda_k = \frac{1}{\mu k}$，在一定条件下，证明了如下线性收敛结果：

$$E(f(\boldsymbol{x}^{(k)}) - f(\boldsymbol{x}^*) \leqslant O(1/\mu k). \tag{2.14}$$

文献[158] 中，针对强凸的正则学习模型，给出了方差逐步约简的多阶段的临近随机梯度下降算法(prox-SVRG). 新算法的复杂度远低于临近随机梯度下降算法，同时能确保目标函数值的期望以几何速率收敛到最优值. 文献[103] 在 mini-batch 的环境下，将 Nesterov 的加速技巧和方差约简的临近随机梯度方法相结合，给出了加速的临近随机梯度下降算法. 文献[141] 在方差约简的临近随机梯度下降算法的基础上，允许每步迭代的临近子问题不精确求解，对带多个组分函数的强凸或一般凸模型，对算法得到了带有合适复杂度上界的全局收敛性.

除了在凸问题上的应用，近年来，很多学者进一步地将相关算法推广应用到非凸问题上，如文献[90][115][135] 等. 由于篇幅所限，这里都不再做详细介绍.

2.1.6　应用举例

无约束优化的一阶算法是目前机器学习领域的主流算法，在很多应用问题上有着广泛

应用. 这里，我们以极具代表性的 FISTA 算法，即算法 2.1.5 以及文献[6] 中的信号重构和图像去模糊化问题为例，复现该算法对这两个问题的求解. 数值实验在 Windows 10、64 位操作系统、2.71GHz 处理器环境下，基于 Matlab2017a 完成.

1. 信号重构问题

信号重构主要研究如何从观测到的部分数据重构出完整的信号. 该问题本质上是数学上的一个线性反问题. 对于线性方程组 $\boldsymbol{b}=\boldsymbol{A}\boldsymbol{x}$，这里 $\boldsymbol{A}\in\mathbb{R}^{m\times n}$ 是观测矩阵，$\boldsymbol{b}\in\mathbb{R}^{m}$ 是信号的观测值，信号重构的目标是通过有限的观测值 $\boldsymbol{b}$，重构出信号 $\boldsymbol{x}\in\mathbb{R}^{n}$.

由于矩阵 $\boldsymbol{A}$ 在很多情况下是病态的，加上实际问题中往往存在噪声，同时很多问题对重构信号有稀疏性的要求，对该问题的求解往往转化为求解如下模型：

$$\min_{\boldsymbol{x}}\ \|\boldsymbol{A}\boldsymbol{x}-\boldsymbol{b}\|_2^2+\lambda\ \|\boldsymbol{x}\|_1, \tag{2.15}$$

这里，$\lambda>0$ 为给定的正则化参数，$\|\boldsymbol{x}\|_1$ 为对重构信号的 l_1 范数正则项，在采用该正则项确保产生稀疏重构信号的同时，能使得重构模型对异常值不敏感. 从模型(2.15) 也能看出，它跟机器学习中常见的 Lasso 模型没有本质区别.

实验中，我们选用一维高斯随机信号为例，取原始信号长度为 $n=512$，观测信号个数 $m=100$，信号稀疏度取为 $k=10$，观测矩阵 $\boldsymbol{A}$ 的元素取为均值为 0、标准差为 1 的高斯随机数. 数据的高斯白噪声的标准差取为 $\sigma=0.02$. 数值运算的结果如图 2.1 所示.

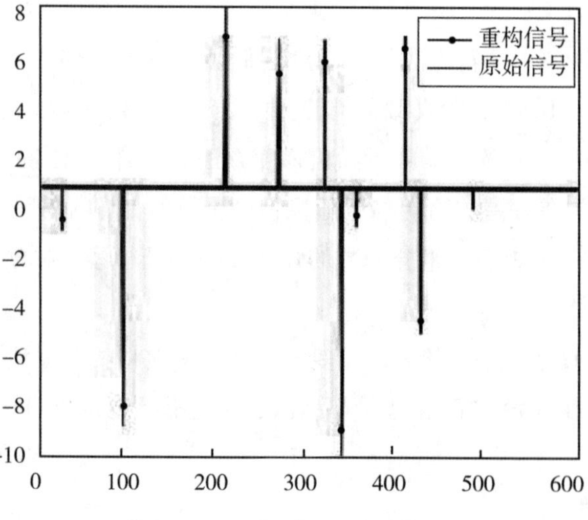

图 2.1　FISTA 信号重构结果

2. 图像去模糊化问题

图像模糊在现实生活中广泛存在，造成图像模糊的原因有很多种，图像去模糊问题从上个世纪起就得到了关注和研究. 发展至今，图像去模糊的算法已经得到了很大的丰富和发展. 文献[6]考虑用FISTA算法，对由模糊和噪声造成的降质图像去模糊. 为方便理解该问题，这里，我们先简单介绍下基于模糊和噪声的图像模糊和去模糊过程的系统模型及相关操作，然后检验FISTA算法在测试图像上的去模糊效果.

1）图像模糊和去模糊过程介绍

文献[47]将图像模糊和去模糊的过程用如下模型图2.2来描述：图2.2中，$f(x, y)$表示原始图像，$g(x, y)$为观测图像. 退化函数$h(x, y)$也被称为点扩散函数(Point Spread Function, PSF)，可以决定图像的模糊程度，它在物理上指一个点光源经过成像系统后形成的扩散图像. 如果它与像素点的位置有关，称它有空间可变性，不然，称它有空间不变性. 一般情况下，PSF具有空间不变特性. 常见的PSF函数有：移动模糊PSF、散焦模糊PSF、GaussPSF等.

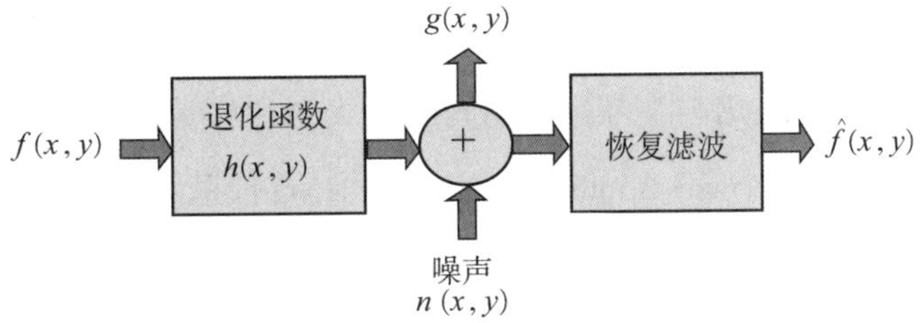

图2.2　图像模糊和复原模型

当PSF有空间不变性时，可以用如下式子表示图像模糊的过程：

$$g(x, y) = \int_{-\infty}^{\infty} \int_{-\infty}^{\infty} h(x - x', y - y')\mathrm{d}x'\mathrm{d}y' + n(x, y), (x, y) \in \Omega \subset \mathbb{R}^2, \quad (2.16)$$

其中，$n(x, y)$为噪声. 图像去模糊就是从模糊并受到噪声干扰的图像中重构出一个近似于原图像的过程. 根据PSF函数是否已知，去模糊问题又可分为盲图像去模糊和非盲图像去模糊. 文献[6]给出的是非盲图像去模糊的例子，因此我们这里仅介绍非盲图像去模糊问题.

式(2.16) 实际是一个卷积过程，将它作用在均匀网格上，可以得到模糊图像、真实图像和点扩散函数 PSF 的灰度矩阵，可分别记为 $\boldsymbol{G} \in \mathbb{R}^{n\times n}$，$\boldsymbol{F} \in \mathbb{R}^{m\times m}$，$\boldsymbol{H} \in \mathbb{R}^{p\times p}$. 由卷积可知 $m = n + p - 1$. 式(2.16) 可离散化为如下的线性系统：

$$\boldsymbol{b} = \boldsymbol{A}\boldsymbol{x} + \epsilon, \tag{2.17}$$

其中，$\boldsymbol{x}$，$\boldsymbol{b}$ 分别为 $\boldsymbol{F}$，$\boldsymbol{G}$ 的列向量按顺序叠加向量化得到的向量，$\boldsymbol{A} \in \mathbb{R}^{n^2\times m^2}$ 为由 PSF 函数决定的长方形矩阵，称为模糊矩阵. 当 $\boldsymbol{A}$ 确定后，图像退化模型就确定了，图像去模糊的任务就是已知退化图像 $\boldsymbol{b}$、模糊矩阵 $\boldsymbol{A}$ 和加性噪声 ϵ，来求原始图像 $\boldsymbol{x}$. 从这些描述可以看出，图像去模糊问题跟信号重构问题本质上是一样的，都是线性反问题.

与信号重构问题一样，模糊矩阵通常是病态的，求解该类问题时通常考虑加正则化条件来求得较好的近似解. 但比一般的信号重构麻烦一点的是，图像去模糊需要考虑复原过程中怎样有效地保持边缘信息. 为此，很多学者给出了很多不同的正则化方法，如 Tikhonov 方法等. 文献[6] 考虑了图像在小波框架下能稀疏表示的特性，采用的是图像在正交小波(后面的数值实验采用二级 Haar 小波) 框架下的 l_1 范数作为正则项，即用 FISTA 算法求解如下模型：

$$\min_{\boldsymbol{x}} \ \|\boldsymbol{A}(\boldsymbol{x}) - \boldsymbol{b}\|^2 + \lambda \ \|\boldsymbol{W}(\boldsymbol{x})\|_1. \tag{2.18}$$

2) 数值实验

实验采用的标准测试图像 cameraman 图片，算法的最大迭代次数设置为 100，精度参数为 10^{-4}，模糊图像过程采用与文献[6] 相同的方式，用大小为 9 × 9、标准偏差为 4 的 GaussPSF 函数(调用 http://www2.imm.dtu.dk/pch/HNO 包里的 psfGauss 函数以及 matlab 里的 imfilter 函数完成) 加上均值为0 标准差为 1e-3 的 Gauss 白噪声，来得到如下的模糊化图像. 调用 FISTA 相关代码，测试结果如图 2.3 所示.

图 2.3　FISTA 图像去模糊测试图片及结果

2.2 无约束机器学习模型的二阶算法

本节介绍机器学习中给出的无约束优化模型的二阶算法，即讨论利用到目标函数的函数值、一阶梯度及二阶 Hesse 矩阵相关信息的算法.

2.2.1 无约束优化问题的 Newton 算法

对于给定的无约束优化问题 $\min\limits_{x\in\mathbb{R}^n} f(\boldsymbol{x})$，梯度下降算法的本质是每步迭代用目标函数在当前迭代点的切平面，即线性逼近函数，去近似目标函数. 为了得到收敛速度更快的算法，可以考虑构造目标函数的高阶逼近函数. 牛顿法是基于这一思想的另一类经典算法. 当目标函数 f 二阶连续可微时，Newton 算法的本质是：在迭代点处的二阶 Taylor 展开式去对目标函数做二次函数近似，然后用二次模型的极小点作为新的迭代点，以此得到的极小点序列去逼近目标函数的极小值点.

我们可以简单推导下 Newton 算法的迭代公式. 设 $\boldsymbol{x}^{(k)}$ 为第 k 步迭代点，将 f 在 $\boldsymbol{x}^{(k)}$ 附近进行二阶 Taylor 展开，且令

$$f(\boldsymbol{x}) \approx q_k(\boldsymbol{x}) = f(\boldsymbol{x}^{(k)}) + \nabla f(\boldsymbol{x}^{(k)})^{\mathrm{T}}(\boldsymbol{x}-\boldsymbol{x}^{(k)}) + \frac{1}{2}(\boldsymbol{x}-\boldsymbol{x}^{(k)})^{\mathrm{T}}\nabla^2 f(\boldsymbol{x}^{(k)})(\boldsymbol{x}-\boldsymbol{x}^{(k)}).$$

若 $\nabla^2 f(\boldsymbol{x}^{(k)})$ 对称正定，则二次函数 $q_k(\boldsymbol{x})$ 有唯一的极小值点，求出该点，得

$$\nabla q_k(\boldsymbol{x}) = \nabla^2 f(\boldsymbol{x}^{(k)})(\boldsymbol{x}-\boldsymbol{x}^{(k)}) + \nabla f(\boldsymbol{x}^{(k)}) = \boldsymbol{0}.$$

将它记为下一个迭代点 $\boldsymbol{x}^{(k+1)}$，即有

$$\begin{cases} \boldsymbol{x}^{(k+1)} = \boldsymbol{x}^{(k)} + \boldsymbol{d}^{(k)}, \\ \nabla^2 f(\boldsymbol{x}^{(k)})\boldsymbol{d}^{(k)} + \nabla f(\boldsymbol{x}^{(k)}) = \boldsymbol{0}. \end{cases} \tag{2.19}$$

称式(2.19)为 Newton 方程，解 Newton 方程即得 Newton 迭代公式

$$\boldsymbol{x}^{(k+1)} = \boldsymbol{x}^{(k)} - (\nabla^2 f(\boldsymbol{x}^{(k)}))^{-1}\nabla f(\boldsymbol{x}^{(k)}). \tag{2.20}$$

考虑到每步 Newton 迭代都需要计算 Hesse 矩阵的逆，计算花费比较大. 为避免计算逆，常通过解方程(2.19)来得到. 可以简单将 Newton 算法的步骤列举如下：

算法 2.2.1（基本 Newton 法）

步 0：初始点 $\boldsymbol{x}^{(0)} \in \mathbb{R}^n$，精度参数 $\epsilon > 0$，$k = 0$；

步 1：计算 $\boldsymbol{g}_k = \nabla f(\boldsymbol{x}^{(k)})$，若 $\|\boldsymbol{g}_k\| < \epsilon$，算法终止，输出 $\boldsymbol{x}^* = \boldsymbol{x}^{(k)}$；

步 2：计算$\nabla^2 f(\boldsymbol{x}^{(k)})$，解 Newton 方程(2.19) 得$\boldsymbol{d}^{(k)}$；

步 3：$\boldsymbol{x}^{(k+1)}=\boldsymbol{x}^{(k)}+\boldsymbol{d}^{(k)}$，$k=k+1$，转步 1.

相对于梯度下降算法，Newton 算法的显著特点是收敛速度快，具有局部平方收敛性. 特别的，当目标函数$f(\boldsymbol{x})$为正定二次凸函数时，算法 2.2.1 有限步就得到问题的最优解，下面的定理验证了这些性质.

定理 2.2.1([73]，定理 3.3.1-3.3.2)　假定$f(\boldsymbol{x})$二阶连续可微，$\boldsymbol{x}^*$为问题的局部极小值点，在该点处的二阶 Hesse 阵$\nabla^2 f(\boldsymbol{x}^*)$对称正定，且$\nabla^2 f(\boldsymbol{x})$在$\boldsymbol{x}^*$附近 Lipschitz 连续. 则：当初始点$\boldsymbol{x}^{(0)}$充分靠近$\boldsymbol{x}^*$时，对于所有的$k\in\mathbb{N}$，迭代(2.20) 都有意义，且算法 2.2.1 产生的迭代点列$\boldsymbol{x}^{(k)}$收敛到$\boldsymbol{x}^*$. 若f是严格凸二次函数，则点列有限步迭代后收敛；不然，若迭代点列是无穷点列，则无穷点列至少平方收敛到$\boldsymbol{x}^*$.

定理 2.2.1 表明：基本 Newton 算法 2.2.1 具有很快的收敛速度，但它只是局部收敛，需要初始点充分接近极小值点时，才能保证很好的收敛性. 而在实际应用中，极小值点往往并不知道，因此很难做到选择合适的初始点. 为克服这一缺陷，人们考虑引入带线搜索的 Newton 算法，使得在迭代过程的每一步，目标函数值的绝对值是严格单调递减的，从而保证方法的全局收敛性. 该方法的实现过程是将 Newton 迭代公式(2.20) 改为

$$\boldsymbol{x}^{(k+1)}=\boldsymbol{x}^{(k)}-\lambda_k\left(\nabla^2 f(\boldsymbol{x}^{(k)})\right)^{-1}\nabla f(\boldsymbol{x}^{(k)}),\tag{2.21}$$

这里，λ_k为由某种线搜索方法得到的步长. 显然，$\lambda_k=1$，即为基本 Newton 算法. 这里的线搜索可以是一维精确线搜索，或是 Armijo、Wolfe 等经典的不精确线搜索技术. 我们这里仅给出基于 Armijo 线搜索得到的阻尼牛顿算法及收敛性结论.

算法 2.2.2(带步长的阻尼 Newton 法)

步 0：初始点$\boldsymbol{x}^{(0)}\in\mathbb{R}^n$，精度参数$\epsilon>0$，$\delta\in(0,1)$，$\sigma\in(0,0.5)$，$k=0$；

步 1：计算$\boldsymbol{g}_k=\nabla f(\boldsymbol{x}^{(k)})$，若$\|\boldsymbol{g}_k\|<\epsilon$，则算法终止，输出$\boldsymbol{x}^*=\boldsymbol{x}^{(k)}$；

步 2：计算$\nabla^2 f(\boldsymbol{x}^{(k)})$，解 Newton 方程(2.19) 得$\boldsymbol{d}^{(k)}$；

步 3：记$m_k=\min\{m\in\{0,1,2,\cdots,\}:f(\boldsymbol{x}^{(k)}+\delta^m\boldsymbol{d}^{(k)})\leqslant f(\boldsymbol{x}^{(k)})+\sigma\delta^m\boldsymbol{g}_k^{\mathrm{T}}\boldsymbol{d}^{(k)}\}$；

步 4：令$\lambda_k=\delta^{m_k}$，$\boldsymbol{x}^{(k+1)}=\boldsymbol{x}^{(k)}+\lambda_k\boldsymbol{d}^{(k)}$，$k=k+1$，转步 1.

定理 2.2.2([73]，定理 3.4-3.5)　设目标函数f二阶连续可微且存在常数$c>0$，使得

$$\boldsymbol{d}^{\mathrm{T}}\nabla^2 f(\boldsymbol{x}^{(k)})\boldsymbol{d}\geqslant c\|\boldsymbol{d}\|^2,\ \forall\boldsymbol{x}\in L(f)=\{\boldsymbol{x}:f(\boldsymbol{x})\leqslant f(\boldsymbol{x}^{(0)})\}.$$

设迭代序列$\{\boldsymbol{x}^{(k)}\}$由算法 2.2.2 产生，则：或者有限步迭代后，算法终止于问题的唯一全局极小值点；或者产生的无穷迭代序列$\{\boldsymbol{x}^{(k)}\}$收敛于$L(f)$中的唯一全局极小值点. 如果$\boldsymbol{x}^{(k)}\to\boldsymbol{x}^*$且$\nabla^2 f(\boldsymbol{x}^*)$对称正定，则迭代序列二阶收敛于$\boldsymbol{x}^*$.

2.2.2　无约束优化问题的拟 Newton 算法

在 2.2.1 节的讨论中，我们知道 Newton 算法有至少二阶的收敛速度，是一个收敛非常快的算法. 但该算法要求每步迭代的目标函数的 Hesse 矩阵$\nabla^2 f(\boldsymbol{x}^{(k)})$是正定的，不然难以保证 Newton 方向是下降方向. 特别地，如果 Hesse 矩阵奇异，此时算法就无法继续进行下去. 另一方面，每步迭代需要计算一个 Hesse 矩阵的逆，计算花费比较大. 基于此，很多学者考虑对 Newton 算法构造合适的改进算法，如将 Newton 算法与最速下降算法结合，以确保每步迭代都是下降方向的 Newton-最速下降混合的修正算法[98]、每步迭代将 Hesse 阵加入阻尼因子，确保正定的修正 Newton 算法[104] 等.

为尽量减少 Hesse 矩阵或是它的逆的计算花费，也有学者考虑仅利用目标函数及一阶梯度信息，给出 Hesse 阵或是它的逆矩阵的近似逼近，在保证方法有类似 Newton 算法收敛速度快的同时，尽量减少计算量. 由此，给出了拟 Newton 算法. 由于篇幅所限，修正 Newton 算法我们这里不予介绍，对拟 Newton 算法，我们这里仅通过介绍 BFGS 拟牛顿法这一经典算法，让大家对拟 Newton 算法有个大致了解.

拟 Newton 法的基本思想是将基本 Newton 迭代算法 2.2.1 的步 2 中，用某个近似矩阵$\boldsymbol{B}_k$取代 Hesse 阵$\boldsymbol{G}_k=\nabla^2 f(\boldsymbol{x}^{(k)})$. 通常，$\boldsymbol{B}_k$具有如下几个特点：

(1) 一定程度上$\boldsymbol{B}_k \approx \boldsymbol{G}_k$，使得相应的算法产生的方向近似于 Newton 方向，以确保方法有较快的收敛速度；

(2) 对所有的 k，$\boldsymbol{B}_k$ 对称正定，确保算法产生的方向是函数在迭代点处的下降方向；

(3) $\boldsymbol{B}_k$的更新规则比较简单，通常采用一个秩一或秩二矩阵进行校正.

我们可以简单推导下拟 Newton 方法的大致思路. 设 f 二次连续可微，则该函数在迭代点 $\boldsymbol{x}^{(k+1)}$ 处的二次近似模型为：

$$f(\boldsymbol{x}) \approx f(\boldsymbol{x}^{(k+1)})+\nabla f(\boldsymbol{x}^{(k+1)})^{\mathrm{T}}(\boldsymbol{x}-\boldsymbol{x}^{(k+1)})+\frac{1}{2}(\boldsymbol{x}-\boldsymbol{x}^{(k+1)})^{\mathrm{T}}\nabla^2 f(\boldsymbol{x}^{(k+1)})(\boldsymbol{x}-\boldsymbol{x}^{(k+1)}).$$

记 $\boldsymbol{g}(\boldsymbol{x})=\nabla f(\boldsymbol{x})$，$\boldsymbol{g}_{k+1}=\nabla f(\boldsymbol{x}^{(k+1)})$，$\boldsymbol{G}_{k+1}=\nabla^2 f(\boldsymbol{x}^{(k+1)})$，对上式求导，有：

$$\boldsymbol{g}(\boldsymbol{x}) \approx \boldsymbol{g}_{k+1}+\boldsymbol{G}_{k+1}(\boldsymbol{x}-\boldsymbol{x}^{(k+1)}).$$

取 $\boldsymbol{x}=\boldsymbol{x}^{(k)}$，令 $\boldsymbol{s}_k=\boldsymbol{x}^{(k+1)}-\boldsymbol{x}^{(k)}$，$\boldsymbol{y}_k=\boldsymbol{g}_{k+1}-\boldsymbol{g}_k$，则有：

$$\boldsymbol{G}_{k+1}\boldsymbol{s}_k \approx \boldsymbol{y}_k.$$

拟 Newton 法构造出来的 Hesse 阵的近似矩阵 $\boldsymbol{B}_k$需要满足如上关系式，即有

$$\boldsymbol{B}_{k+1}\boldsymbol{s}_k=\boldsymbol{y}_k. \tag{2.22}$$

方程(2.22) 称为**拟 Newton 方程**. 因为在实际计算时，需要的是 Hesse 阵的逆，令 $\boldsymbol{H}_{k+1} = \boldsymbol{B}_{k+1}^{-1}$，方程(2.22) 有如下另一种形式：

$$\boldsymbol{H}_{k+1}\boldsymbol{y}_k = \boldsymbol{s}_k. \tag{2.23}$$

即搜索方向由 $\boldsymbol{d}_k = -\boldsymbol{H}_k\boldsymbol{g}_k$ 或 $\boldsymbol{B}_k\boldsymbol{d}_k = -\boldsymbol{g}_k$ 确定.

可以看出：拟 Newton 方程(2.22)(或方程(2.23)) 中含有 $(n^2+n)/2$ 个未知数，但方程个数只有 n 个，所以方程的解一般有无穷多个. 根据解的选择方法的不同，可以得到不同的拟 Newton 方法. 一般情况下，根据 $\boldsymbol{B}_k$(或 $\boldsymbol{H}_k$) 的特点，可令

$$\boldsymbol{B}_{k+1} = \boldsymbol{B}_k + \boldsymbol{E}_k,\ \boldsymbol{H}_{k+1} = \boldsymbol{H}_k + \boldsymbol{D}_k, \tag{2.24}$$

其中，$\boldsymbol{E}_k$，$\boldsymbol{D}_k$ 为简单的秩一或秩二矩阵. 按照式(2.24)，尺度矩阵 $\boldsymbol{B}_k$(或 $\boldsymbol{H}_k$) 总是变化的，所以拟 Newton 方法也称为变尺度方法.

下面，我们以目前最流行也最有效的拟 Newton 方法——BFGS 方法为例，介绍拟 Newton 方法的实现步骤.

BFGS 方法是分别由 Broyden，Fletcher，Goldfarb 和 Shanno 于 1970 年独立提出的拟 Newton 方法. 它的基本思想是：在(2.24) 中，取 $\boldsymbol{E}_k$ 为秩二矩阵修正，即

$$\boldsymbol{E}_k = \lambda_1\boldsymbol{u}_k\boldsymbol{u}_k^{\mathrm{T}} + \lambda_2\boldsymbol{v}_k\boldsymbol{v}_k^{\mathrm{T}},$$

其中，$\boldsymbol{u}_k$，$\boldsymbol{v}_k$ 为待定的向量，λ_1，λ_2 为待定实数. 由拟 Newton 方程(2.22)，可得

$$(\boldsymbol{B}_k + \lambda_1\boldsymbol{u}_k\boldsymbol{u}_k^{\mathrm{T}} + \lambda_2\boldsymbol{v}_k\boldsymbol{v}_k^{\mathrm{T}})\boldsymbol{s}_k = \boldsymbol{y}_k,$$

$$\lambda_1(\boldsymbol{u}_k^{\mathrm{T}}\boldsymbol{s}_k)\boldsymbol{u}_k + \lambda_2(\boldsymbol{v}_k^{\mathrm{T}}\boldsymbol{s}_k)\boldsymbol{v}_k = \boldsymbol{y}_k - \boldsymbol{B}_k\boldsymbol{s}_k. \tag{2.25}$$

满足方程(2.25) 的 $\boldsymbol{u}_k$，$\boldsymbol{v}_k$ 不唯一，不妨取 $\boldsymbol{u}_k = t_1\boldsymbol{B}_k\boldsymbol{s}_k$，$\boldsymbol{v}_k = t_2\boldsymbol{y}_k$($t_1$，$t_2$ 为待定参数)，代入方程(2.25)，可得

$$[\lambda_1 t_1^2(\boldsymbol{s}_k^{\mathrm{T}}\boldsymbol{B}_k\boldsymbol{ax}_k) + 1]\boldsymbol{B}_k\boldsymbol{s}_k + [\lambda_2 t_2^2(\boldsymbol{y}_k^{\mathrm{T}}\boldsymbol{s}_k) - 1]\boldsymbol{y}_k = 0.$$

可令 $\lambda_1 t_1^2(\boldsymbol{s}_k^{\mathrm{T}}\boldsymbol{B}_k\boldsymbol{s}_k) + 1 = 0$，$\lambda_2 t_2^2(\boldsymbol{y}_k^{\mathrm{T}}\boldsymbol{s}_k) - 1 = 0$，则有

$$\lambda_1 t_1^2 = -\frac{1}{\boldsymbol{s}_k^{\mathrm{T}}\boldsymbol{B}_k\boldsymbol{s}_k},\ \lambda_2 t_2^2 = \frac{1}{\boldsymbol{y}_k^{\mathrm{T}}\boldsymbol{s}_k}.$$

从而，可得 BFGS 秩 2 修正公式如下：

$$\boldsymbol{B}_{k+1} = \boldsymbol{B}_k - \frac{\boldsymbol{B}_k\boldsymbol{s}_k\boldsymbol{s}_k^{\mathrm{T}}\boldsymbol{B}_k}{\boldsymbol{s}_k^{\mathrm{T}}\boldsymbol{B}_k\boldsymbol{s}_k} + \frac{\boldsymbol{y}_k\boldsymbol{y}_k^{\mathrm{T}}}{\boldsymbol{y}_k^{\mathrm{T}}\boldsymbol{s}_k}. \tag{2.26}$$

由式(2.26) 可知，显然，若 $\boldsymbol{B}_k$ 对称，则 $\boldsymbol{B}_{k+1}$ 对称. 还可以证明：若 $\boldsymbol{B}_k$ 对称正定，则 $\boldsymbol{B}_{k+1}$ 对称正定的充要条件是 $\boldsymbol{y}_k^{\mathrm{T}}\boldsymbol{s}_k > 0$ (文献[98]，引理5.1). 如果拟 Newton 方法采用 Wolfe 线搜索或是精确线搜索，则可以保证 $\boldsymbol{y}_k^{\mathrm{T}}\boldsymbol{s}_k > 0$(文献[98]，引理 5.2).

考虑到 Armijo 线搜索因其简单易实现而被采用的非常多，但该线搜索方法不能保证

$y_k^T s_k > 0$，从而无法确保尺度矩阵序列 B_k 的对称正定性，所以当采用 Armijo 线搜索时，人们可采用如下的校正方式：

$$B_{k+1} = \begin{cases} B_k, & y_k^T s_k \leqslant 0, \\ B_k - \dfrac{B_k s_k s_k^T B_k}{s_k^T B_k s_k} + \dfrac{y_k y_k^T}{y_k^T s_k}, & y_k^T s_k > 0. \end{cases} \tag{2.27}$$

下面，我们列出带 Armijo 线搜索的 BFGS 拟 Newton 方法的算法框架及收敛性结论.

算法 2.2.3(带 Armijo 线搜索的 BFGS 方法)

步 0：初始点 $x^{(0)} \in \mathbb{R}^n$，精度参数 $\epsilon > 0$，$\delta \in (0, 1)$，$\sigma \in (0, 0.5)$，初始对称正定矩阵 B_0(通常取为 $G(x^{(0)})$ 或单位阵 I_n)，$k = 0$；

步 1：计算 $g_k = \nabla f(x^{(k)})$，若 $\|g_k\| < \epsilon$，则算法终止，输出 $x^* = x^{(k)}$；

步 2：解方程 $B_k d = -g_k$，得 $d^{(k)}$；

步 3：记 $m_k = \min\{m \in \{0, 1, 2, \cdots, \} : f(x^{(k)} + \delta^m d^{(k)}) \leqslant f(x^{(k)}) + \sigma\delta^m g_k^T d^{(k)}\}$，令 $\lambda_k = \delta^{m_k}$，$x^{(k+1)} = x^{(k)} + \lambda_k d^{(k)}$；

步 4：由校正公式(2.27) 确定 B_{k+1}；

步 5：$k = k + 1$，转步 1.

假设 2.2.1 (1) f 二次连续可微；

(2) 水平集 $L = \{x \in \mathbb{R}^n : f(x) \leqslant f(x^{(0)})\}$ 凸，且存在正数 m，M，使得

$$m\|y\|^2 \leqslant y^T G(x) y \leqslant M\|y\|^2, \quad \forall y \in \mathbb{R}^n, \ x \in L.$$

假设 2.2.2 Hesse 阵 $G(x)$ 在最优解点 x^* 处 Lipschitz 连续.

定理 2.2.3 ([104], Theorem 6.5-6.6) 若 B_0 为任意对称正定初始矩阵，$x^{(0)}$ 为使得假设 2.2.1 成立的初始点，则算法 2.2.3($\epsilon = 0$) 产生的迭代点列 $\{x^{(k)}\}$ 收敛到问题的极小值点 x^*. 若在 x^* 处假设 2.2.2 成立，则 $\{x^{(k)}\}$ 超线性收敛到 x^*.

2.2.3 无约束机器学习模型的子采样 Newton 型算法

机器学习中的很多无约束优化模型的目标函数是多个函数的和的形式，即是如下形式：

$$\min_{x \in \mathbb{R}^n} \frac{1}{m} \sum_{i=1}^{m} f_i(x), \tag{2.28}$$

这里，m 指样本点的个数，n 为样本点的特征维数. 对这样的问题，当样本点数量很多，即 m 很大的时候，直接用 Newton 型算法求解原模型，每步迭代的计算花费很大. 考虑到实际

问题中，多数样本是冗余的，因此可以考虑从样本集中选取一部分子集来代替整个样本集来计算. 基于这一思想，发展出来每次取一个样本点的随机算法、动态取样算法、增量算法，等等. 这里，我们仅以文献[17] 的部分算法为例，介绍随机 Newton 型算法的大致框架，相关收敛性讨论可见文献.

为讨论方便起见，记 $D=\{1, 2, \cdots, m\}$ 为整个样本集的下标，$\mathcal{X} \subset D$ 为 D 中随机选取的样本子集，$|\mathcal{X}|$ 表示子集的元素个数，定义目标函数的随机逼近函数为

$$f_{\mathcal{X}}(\boldsymbol{x})=\frac{1}{|\mathcal{X}|} \sum_{i \in \mathcal{X}} f_i(\boldsymbol{x}), \tag{2.29}$$

在文献[17] 中，考虑到问题的稀疏性，为减少每步迭代的计算花费，它采用共轭梯度方法(Conjugate Gradient Method，CG) 不精确求解内迭代的 Newton 方程，给出了子采样 Newton-CG 方法. 算法的基本框架如下：

算法 2.2.4(子采样 Newton-CG 法)

步 0：初始点 $\boldsymbol{x}^{(0)} \in \mathbb{R}^n$，参数 $\eta, \sigma, \delta \in (0, 1)$，CG 最大迭代次数 $\max_{cg}$，初始子集 $\mathcal{X}_0$，$S_0 \neq \emptyset$，$|S_0| < |\mathcal{X}_0|$，$k=0$；

步 1：计算 $f_{\mathcal{X}_k}(\boldsymbol{x}^{(k)})$，$\nabla f_{\mathcal{X}_k}(\boldsymbol{x}^{(k)})$；

步 2：用 CG 方法求解如下近似 Newton 方程的近似解：

$$\nabla^2 f_{\mathcal{X}_k}(\boldsymbol{x}^{(k)}) \boldsymbol{d}=-\nabla f_{\mathcal{X}_k}(\boldsymbol{x}^{(k)}),$$

CG 方法终止准则为：达到最大迭代次数 $\max_{cg}$，或是方程的残量 $\boldsymbol{r}_k=\nabla^2 f_{\mathcal{X}_k}(\boldsymbol{x}^{(k)}) \boldsymbol{d}+\nabla f_{\mathcal{X}_k}(\boldsymbol{x}^{(k)})$ 满足

$$\|\boldsymbol{r}_k\| \leqslant \sigma\|\nabla f_{\mathcal{X}_k}(\boldsymbol{x}^{(k)})\|;$$

步 3：记 $m_k=\min \{m \in\{0, 1, 2, \cdots, \}: f_{\mathcal{X}_k}(\boldsymbol{x}^{(k)}+\delta^m \boldsymbol{d}^{(k)}) \leqslant f_{\mathcal{X}_k}(\boldsymbol{x}^{(k)})+\eta \delta^m \boldsymbol{g}_k^{\mathrm{T}} \boldsymbol{d}^{(k)}\}$，令 $\lambda_k=\delta^{mk}$，$\boldsymbol{x}^{(k+1)}=\boldsymbol{x}^{(k)}+\lambda_k \boldsymbol{d}^{(k)}$；

步 4：选择新的子集 $\mathcal{X}_{k+1}$，S_{k+1} 使得 $|S_{k+1}| < |\mathcal{X}_{k+1}|$；

步 5：$k=k+1$，转步 1.

除了上述的子采样 Newton-CG 算法 2.2.4，文献[17] 还将有限内存的 L-BFGS 拟牛顿方法与子采样技巧相结合，给出了随机子采样的 L-BFGS 方法及其收敛性讨论，这里不再赘述.

2.2.4　无约束机器学习模型的临近 Newton 型算法

当模型是形如(2.4) 的形式，其中 $\boldsymbol{g}(\boldsymbol{x})=\frac{1}{m} \sum_{i=1}^m g_i(\boldsymbol{x})$ 的时候，Newton 型算法可以跟临

近算子相结合，构建临近Newton型算法来求解. 文献[88]是其中的典型工作之一，它给出临近Newton方法及临近拟Newton算法的算法框架和收敛性证明，并从实际应用角度，讨论了相关算法不精确实现的收敛性. 这里，我们仅列出相关的算法框架及结论，具体细节可见文献[88].

1. 临近Newton型算法

算法2.2.5(临近Newton型算法)

步0. 初始点 $\boldsymbol{x}^{(0)} \in \mathrm{dom}f$, $k=0$;

步1. 选定 $\nabla^2 f(\boldsymbol{x}^{(k)})$ 的一个正定逼近矩阵 H_k;

步2. 求解如下子问题得搜索方向 $\boldsymbol{d}^{(k)}$:

$$\boldsymbol{d}^{(k)} = \arg\min_{\boldsymbol{d}} \{\nabla g(\boldsymbol{x}^{(k)})^{\mathrm{T}}\boldsymbol{d} + \frac{1}{2}\boldsymbol{d}^T\boldsymbol{H}_k\boldsymbol{d} + h(\boldsymbol{x}^{(k)} + \boldsymbol{d})\};$$

步3. 线搜索求得步长 λ_k;

步4. $\boldsymbol{x}^{(k+1)} = \boldsymbol{x}^{(k)} + \lambda_k \boldsymbol{d}^{(k)}$;

步5. 如果满足终止条件，则终止算法;不然，$k=k+1$，转步1.

定理2.2.4(收敛性定理，文献[88]Theorem 3.1, 3.4, 3.7) 如果 f 是闭凸函数，$\inf_{\boldsymbol{x}}\{f(\boldsymbol{x}): \boldsymbol{x} \in \mathrm{dom}f\}$ 可在 $\boldsymbol{x}^*$ 取得. 如果存在 $m>0$，使得 $\boldsymbol{H}_k \geqslant m\boldsymbol{I}$，则对任意初始点 $\boldsymbol{x}^{(0)} \in \mathrm{dom}f$，$\{\boldsymbol{x}^{(k)}\}$ 收敛到问题的一个最优解. 如果 $\boldsymbol{H}_k = \nabla^2 g(\boldsymbol{x}^{(k)})$，则临近牛顿算法 Q-平方收敛于 $\boldsymbol{x}^*$. 如果 $\boldsymbol{H}_k$ 的选择满足如下Dennis-Moré条件:

$$\frac{\|(\boldsymbol{H}_k - \nabla^2 g(\boldsymbol{x}^*))(\boldsymbol{x}^{(k+1)} - \boldsymbol{x}^{(k)})\|}{\|\boldsymbol{x}^{(k+1)} - \boldsymbol{x}^{(k)}\|} \to 0,$$

并且存在 m, M, $0 < m \leqslant M$，使得 $m\boldsymbol{I} \leqslant \boldsymbol{H}_k \leqslant M\boldsymbol{I}$，则临近拟牛顿算法 Q-超线性收敛到 $\boldsymbol{x}^*$.

2. 不精确临近Newton型算法

在临近Newton型算法中，要精确求解步2的子问题计算花费往往比较大或是无法求解，所以经常采用共轭梯度等迭代方法求得近似解来代替，由此构建的方法称为不精确临近Newton型算法. 很多临近Newton型算法的软件包(如: glmnet, newGLMNET)都采用这种技巧.

在实际应用中，不精确临近Newton方法的效率和解的可靠性取决于子问题近似解的精确程度，即子问题迭代的终止准则. 终止准则的选取方式不唯一，文献[88]中的内迭代采用如下自适应的终止准则：

$$\|G_{\hat{f}k/M}(x^{(k)}+d^{(k)})\| \leqslant \eta_k \|G_{\hat{f}k/M}(x^{(k)})\|,$$

这里，$G_{t_k,f}(x^{(k)})=\frac{1}{t_k}(x^{(k)}-\mathrm{prox}_{t_kh}(x^{(k)}-t_k\nabla g(x^{(k)})))$，$\hat{f}_k(x)=g(x^{(k)})+\nabla g(x^{(k)})^{\mathrm{T}}(x-x^{(k)})+\frac{1}{2}(y-x^{(k)})^{\mathrm{T}}H_k(x-x^{(k)})+h(x)$，$\eta_k$ 为强制项参数.

注 2.2.1　除了上述临近 Newton 型算法之外，也有学者考虑到问题的海量数据情况，结合随机取样技巧，给出临近随机 Newton 型算法[126]及改进的临近随机拟 Newton 算法[97]等. 考虑到实际应用的并不多，这里不再赘述.

第 3 章　机器学习中的约束优化模型与算法

本章介绍形如如下带约束条件的约束优化模型的数值算法：

$$\min_{x \in \Omega \subset \mathbb{R}^n} \{f(\boldsymbol{x})\}, \tag{3.1}$$

其中，Ω 是有界闭区域.

理论上来说，只要模型(3.1) 的目标函数是连续函数，则由连续函数在有界闭区域上一定存在最值，可以知道：模型(3.1) 一定存在最优解. 在接下来的讨论中，我们都是在默认模型的解存在的前提下，探讨如何找到问题模型的解.

从算法的角度来说，因为对变量多了额外的限制条件，导致与无约束模型相比，算法求解要相对复杂一点. 目前，对约束优化问题的数值算法一般有如下思路：一是限制算法的每步迭代都要在约束区域中进行，如 Zoutendijk 可行方向法、梯度投影法、条件梯度法(Frank-Wolfe 算法)、内点法等；二是将约束问题转化为相关的辅助问题来讨论，直观上认为无约束问题比约束问题更容易求解，所以典型的思路是将原约束问题转换为跟模型密切相关的更容易求解的辅助问题，基于此思路给出的一些经典算法，如罚函数方法、增广 Lagrange 方法、交替方向乘子法(ADMM)、序列二次规划(SQP) 方法等；三是借助原问题与对偶问题的关系构建算法，典型的如对偶上升算法、原-对偶算法等. 有些算法糅合多种思路，如障碍罚函数方法、原-对偶内点法等本质上是从另一个角度给出的内点法. 因为篇幅所限，本章仅介绍经典的梯度投影算法、条件梯度法、原-对偶内点法以及 ADMM 算法. 相关内容主要参阅[4][7][10][13][14][16][21][38][41][48] 等文献.

3.1　投影梯度算法

投影梯度算法是一类典型的可行方向法，该算法要求每步迭代都在可行域中进行. 当沿负梯度下降方向搜索时，迭代到可行域外部，需要将负梯度投影到可行域上. 要构造投影梯度算法，如何计算投影是算法的关键. 为此，我们先给出投影和投影矩阵的相关概念和性质.

3.1.1　投影与投影矩阵

在线性代数和泛函分析中，投影指的是从向量空间映射到自身的一种线性变换，是日常生活中“投影”概念的形式化和一般化. 同现实中阳光将事物投影到地面上一样，投影变换将整个向量空间映射到它的其中一个子空间，并且在这个子空间中它是恒等变换. 如果向量空间被赋予了内积，就可以定义正交等概念，从而就有了正交投影的概念.

定义 3.1.1　给定向量空间 $\boldsymbol{U}$ 和线性变换 $\boldsymbol{P}$，如果存在 $\boldsymbol{U}$ 的一个子空间 $\boldsymbol{V}$，使得：$\forall \boldsymbol{u} \in \boldsymbol{U}$，$\boldsymbol{P}(\boldsymbol{u}) \in \boldsymbol{V}$，并且 $\forall \boldsymbol{u} \in \boldsymbol{V}$，$\boldsymbol{P}(\boldsymbol{u}) = \boldsymbol{u}$，则称线性变换 $\boldsymbol{P}$ 是空间 $\boldsymbol{U}$ 到其子空间 $\boldsymbol{V}$ 的投影变换(投影矩阵).

例 3.1.1　现实生活中，任意一个物体，它的位置可以用向量 $(x, y, z)^{\mathrm{T}}$ 表示，假设阳光是垂直于地面的角度照射，则该物体在阳光下的影子是 $(x, y, 0)^{\mathrm{T}}$. 这样的一个变换就是一个投影变换，它将三维空间投影到 xOy 平面，该投影可以用矩阵表示为：

$$\boldsymbol{P} = \begin{bmatrix} 1 & 0 & 0 \\ 0 & 1 & 0 \\ 0 & 0 & 0 \end{bmatrix}.$$

对任意一个向量 $(x, y, z)^{\mathrm{T}}$，

$$\boldsymbol{P}\begin{pmatrix} x \\ y \\ z \end{pmatrix} = \begin{pmatrix} x \\ y \\ 0 \end{pmatrix},$$

并且，如果向量本身是地面上的点，即 $z = 0$，那么经过变换 $\boldsymbol{P}$ 后，向量不会发生改变，即该变换在 xOy 面上是恒等变换，$\boldsymbol{P}$ 是一个投影变换.

此外，

$$\boldsymbol{P}^2\begin{pmatrix} x \\ y \\ z \end{pmatrix} = \boldsymbol{P}\begin{pmatrix} x \\ y \\ z \end{pmatrix} = \begin{pmatrix} x \\ y \\ 0 \end{pmatrix},$$

由上面的讨论可以看出：$\boldsymbol{P}$ 是对称矩阵且 $\boldsymbol{P}^2 = \boldsymbol{P}$.

例 3.1.2　给定任意两个非零向量 $\boldsymbol{a}, \boldsymbol{b} \in \mathbb{R}^n$，我们来看 $\boldsymbol{b}$ 在 $\boldsymbol{a}$ 上的投影，如图 3.1 所示.

$$\boldsymbol{e} = \boldsymbol{b} - \boldsymbol{p} = \boldsymbol{b} - x\boldsymbol{a},\ \boldsymbol{a}^{\mathrm{T}}\boldsymbol{e} = 0 \Rightarrow \boldsymbol{a}^{\mathrm{T}}(\boldsymbol{b} - x\boldsymbol{a}) = 0$$

$$\Rightarrow x\boldsymbol{a}^{\mathrm{T}}\boldsymbol{a} = \boldsymbol{a}^{\mathrm{T}}\boldsymbol{b} \Rightarrow x = \frac{\boldsymbol{a}^{\mathrm{T}}\boldsymbol{b}}{\boldsymbol{a}^{\mathrm{T}}\boldsymbol{a}},$$

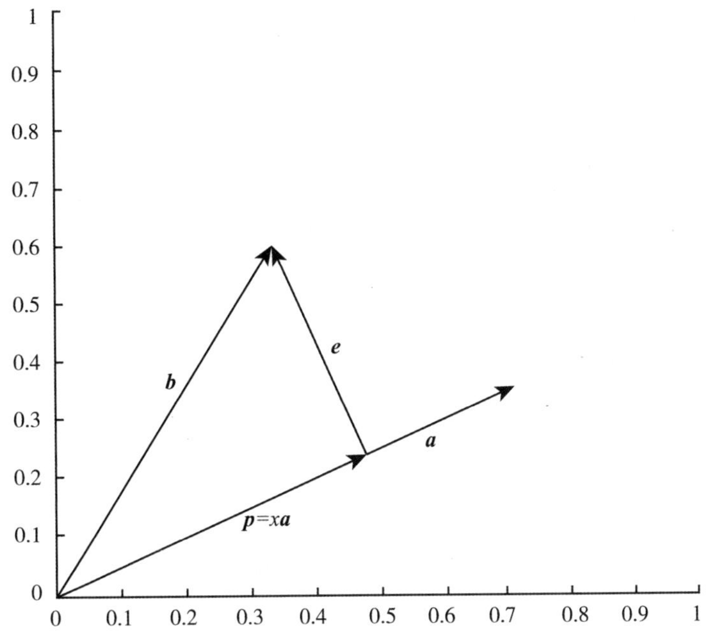

图 3.1

$$p = xa = a\frac{a^{\mathrm{T}}b}{a^{\mathrm{T}}a},$$

$$Pb = p = \frac{aa^{\mathrm{T}}}{a^{\mathrm{T}}a}b,$$

这里，$P = \frac{aa^{\mathrm{T}}}{a^{\mathrm{T}}a}$ 是投影矩阵. 由 P 的表达式可以看出：$P^{\mathrm{T}} = P$，$P^2 = P$.

例 3.1.3 给定列满秩矩阵 $A = [a_1, \cdots, a_n] \in \mathbb{R}^{m\times n}$，称 $R(A) = \{y \in \mathbb{R}^m : y = Ax\}$ 为 A 的值空间，$N(A) = \{x \in \mathbb{R}^n : Ax = 0\}$ 为 A 的零空间. 对任意给定的 $b \in \mathbb{R}^m$，我们可以讨论它在这两个空间上的投影：

先看 b 在 $R(A)$ 上的投影. 设投影向量为 p，由投影的定义，我们可以知道：$e = b - p = b - Ax$ 与 $R(A)$ 正交，则：$a_1^{\mathrm{T}}(b - Ax) = 0, \cdots, a_n^{\mathrm{T}}(b - Ax) = 0$，即：$A^{\mathrm{T}}(b - Ax) = 0$. 由 A 列满秩，$A^{\mathrm{T}}A$ 可逆，因此 $x = (A^{\mathrm{T}}A)^{-1}A^{\mathrm{T}}(b)$，因此，投影向量 $p = A(A^{\mathrm{T}}A)^{-1}A^{\mathrm{T}}b$. 这里，$P = A(A^{\mathrm{T}}A)^{-1}A^{\mathrm{T}}$ 为投影矩阵. 容易验证；$P^{\mathrm{T}} = P$，$P^2 = P$.

类似地，可以验证 b 在零空间 $N(A)$ 上的投影矩阵为：$Q = I - A(A^{\mathrm{T}}A)^{-1}A^{\mathrm{T}}$.

一般来说，对任意的投影矩阵 P，都有 $P^{\mathrm{T}} = P$，$P^2 = P$，所以很多文献直接把投影矩阵定义如下：

定义 3.1.2　若有 $n \times n$ 阶矩阵 $\boldsymbol{P}$ 满足 $\boldsymbol{P}^{\mathrm{T}}=\boldsymbol{P}$ 和 $\boldsymbol{P}^2=\boldsymbol{P}$，则称 $\boldsymbol{P}$ 为投影矩阵.

投影矩阵有如下性质：

定理 3.1.1　设有 $n \times n$ 阶投影矩阵 $\boldsymbol{P}$，则如下结论成立：

(1) $\boldsymbol{P}$ 是半正定矩阵；

(2) $\boldsymbol{P}$ 是投影矩阵的充分必要条件是：$\boldsymbol{I}-\boldsymbol{P}$ 是投影矩阵，其中 $\boldsymbol{I}$ 是指单位矩阵；

(3) 记 $\boldsymbol{Q}=\boldsymbol{I}-\boldsymbol{P}$，$\boldsymbol{L}=\{\boldsymbol{Px}:\boldsymbol{x}\in\mathbb{R}^n\}$，$\boldsymbol{L}^{\perp}=\{\boldsymbol{Qx}:\boldsymbol{x}\in\mathbb{R}^n\}$，则 $\boldsymbol{L}$ 和 $\boldsymbol{L}^{\perp}$ 是正交的线性空间，且任一点 $\boldsymbol{x}\in\mathbb{R}^n$，可唯一地表示成 $\boldsymbol{p}+\boldsymbol{q}$，$\boldsymbol{p}\in\boldsymbol{L}$，$\boldsymbol{q}\in\boldsymbol{L}^{\perp}$.

3.1.2　投影梯度法

投影梯度算法最早由 J.B.Rosen 于 1960 年提出，所以一般的投影梯度算法也称为 Rosen 投影梯度法. 该算法的基本思想是：当迭代点在可行域的内部时，直接将目标函数的负梯度方向作为搜索方向；当迭代点在可行域的边界时，直接沿目标函数的负梯度方向搜索可能会到约束区域外，因此需要将负梯度在区域边界上的投影作为搜索方向. 要构造投影梯度法，最关键的是计算负梯度向量在可行域边界上的投影.

我们以线性约束为例，介绍投影梯度算法的基本思想，即我们讨论如下线性约束问题：

$$
\begin{aligned}
\min_{\boldsymbol{x}\in\mathbb{R}^n}\quad & f(\boldsymbol{x}),\\
\text{s.t.}\quad & \boldsymbol{a}_i^{\mathrm{T}}\boldsymbol{x}-\boldsymbol{b}\boldsymbol{x}_i=0,\ i\in E=\{1,\cdots,l\},\\
& \boldsymbol{a}_i^{\mathrm{T}}\boldsymbol{x}-\boldsymbol{b}_i\leqslant 0,\ i\in I=\{l+1,\cdots,l+m\}.
\end{aligned}
\tag{3.2}
$$

对模型(3.2)的可行方向，我们有如下结论：

命题 3.1.1　对给定的点 $\boldsymbol{x}\in\mathbb{R}^n$，记 $I(\boldsymbol{x})=\{i\in I:\boldsymbol{a}_i^{\mathrm{T}}\boldsymbol{x}-\boldsymbol{b}_i=0\}$，$\boldsymbol{d}\neq 0$ 是(3.2)的可行方向，当且仅当 $\boldsymbol{d}$ 满足：

$$\boldsymbol{a}_i^{\mathrm{T}}\boldsymbol{d}=0,\quad i\in E, \tag{3.3}$$

$$\boldsymbol{a}_i^{\mathrm{T}}\boldsymbol{d}\leqslant 0,\quad i\in I(\boldsymbol{x}). \tag{3.4}$$

$\boldsymbol{N}=(\boldsymbol{a}_{i_1},\boldsymbol{a}_{i_2},\cdots,\boldsymbol{a}_{i_r})$，$i_j\in E\cup \boldsymbol{I}(\boldsymbol{x})$，若 $\boldsymbol{N}$ 列满秩，要计算该点的负梯度在可行域上的投影 $\boldsymbol{p}$，可以将 $\boldsymbol{p}$ 看成负梯度向量在 N 的零空间上的投影，即

$$\boldsymbol{p}=-(\boldsymbol{I}-\boldsymbol{N}(\boldsymbol{N}^{\mathrm{T}}\boldsymbol{N})^{-1}\boldsymbol{N}^{\mathrm{T}})\nabla f(\boldsymbol{x}).$$

下面的两个定理具体给出了负梯度的投影是可行下降方向的理论保证.

定理 3.1.2　[155] 设 $\boldsymbol{x}\in\Omega$ 是模型(3.2)的可行点，且目标函数 $f(\boldsymbol{x})$ 有一阶连续偏导数，若 $\boldsymbol{P}$ 是投影矩阵，且 $\boldsymbol{P}^{\mathrm{T}}\nabla f(\boldsymbol{x})\neq 0$，则

$$\boldsymbol{d}=-\boldsymbol{P}^{\mathrm{T}}\nabla f(\boldsymbol{x})$$

是模型在 $\boldsymbol{x}$ 的下降方向. 另外，若

$$\boldsymbol{N}=(\boldsymbol{a}_{i_1},\boldsymbol{a}_{i_2},\cdots,\boldsymbol{a}_{i_r}),\ i_j\in E\cup I(\boldsymbol{x})$$

列满秩，取

$$\boldsymbol{P}=\boldsymbol{I}-\boldsymbol{N}(\boldsymbol{N}^{\mathrm{T}}\boldsymbol{N})^{-1}\boldsymbol{N}^{\mathrm{T}},$$

则 $\boldsymbol{d}=-\boldsymbol{P}^{\mathrm{T}}\nabla f(\boldsymbol{x})$ 是模型在 $\boldsymbol{x}$ 的可行下降方向.

定理 3.1.2 给出了 $\boldsymbol{P}^{\mathrm{T}}\nabla f(\boldsymbol{x})\neq 0$ 时，负梯度在区域边界上的投影方向即为可行下降方向. 当 $\boldsymbol{P}^{\mathrm{T}}\nabla f(\boldsymbol{x})=\boldsymbol{0}$ 时，可以证明：要么 $\boldsymbol{x}$ 即为满足 KKT 条件的点，要么可以寻找新的可行下降方向，即有如下定理：

定理 3.1.3 设 $\boldsymbol{x}\in\Omega$ 是模型(3.2) 的可行点，且目标函数 $f(\boldsymbol{x})$ 有一阶连续偏导数，若 $\boldsymbol{P}$ 是定理 3.1.2 中确定的投影矩阵，且 $\boldsymbol{P}^{\mathrm{T}}\nabla f(\boldsymbol{x})=\boldsymbol{0}$，记

$$\boldsymbol{\lambda}=-(\boldsymbol{N}^{\mathrm{T}}\boldsymbol{N})^{-1}\boldsymbol{N}^{\mathrm{T}}\nabla f(\boldsymbol{x}).$$

若 $\boldsymbol{\lambda}_i\geqslant 0,\ i\in I(\boldsymbol{x})$，则 x 是模型(3.2) 的 K-T-T 点. 若存在 $q\in I(\boldsymbol{x})$，使得 $\boldsymbol{\lambda}_q<0$，并记 $\bar{\boldsymbol{N}}$ 为 $\boldsymbol{N}$ 中去掉 $\boldsymbol{\lambda}_q$ 对应的列后得到的矩阵，令 $\bar{\boldsymbol{P}}=\boldsymbol{E}-\bar{\boldsymbol{N}}(\bar{\boldsymbol{N}}^{\mathrm{T}}\bar{\boldsymbol{N}})^{-1}\bar{\boldsymbol{N}}^{\mathrm{T}}$，$\boldsymbol{d}=-\bar{\boldsymbol{P}}\nabla f(\boldsymbol{x})$，则 $\boldsymbol{d}$ 是可行下降方向.

结合定理 3.1.2 和定理 3.1.3，对任一给定的可行点，可以得到该点的可行下降方向，在该可行下降方向上选择合适的步长，可得到下一个可行点.

基于以上讨论，可以给出 Rosen 梯度投影算法求解模型(3.2) 的具体算法步骤.

算法 3.1.1(Rosen 投影梯度法)

步 0：取定初始可行点 $\boldsymbol{x}^{(1)}\in\Omega$，$k=1$.

步 1：确定 $\boldsymbol{x}^{(k)}$ 处的积极约束指标集 $\boldsymbol{I}(\boldsymbol{x}^{(k)})=\{\boldsymbol{a}_i^{\mathrm{T}}\boldsymbol{x}^{(k)}=0,\ i\in I\}$.

步 2：若 $l=0$(无等式约束) 且 $\boldsymbol{I}(\boldsymbol{x}^{(k)})=\varnothing$，令

$$\boldsymbol{d}^{(k)}=-\nabla f(\boldsymbol{x}^{(k)});$$

不然，令

$$\boldsymbol{N}^{(k)}=(a_{i_1},a_{i_2},\cdots,a_{i_r}),\quad i_j\in E\cup I(\boldsymbol{x}^{(k)}),$$

$$\boldsymbol{P}^{(k)}=\boldsymbol{I}-\boldsymbol{N}^{(k)}(\boldsymbol{N}^{(k)\mathrm{T}}-\boldsymbol{N}^{(k)})^{-1}\boldsymbol{N}^{(k)\mathrm{T}},$$

$$\boldsymbol{d}^{(k)}=-\boldsymbol{P}^{(k)}\nabla f(\boldsymbol{x}^{(k)}).$$

步 3：若 $\boldsymbol{d}^{(k)}=\boldsymbol{0}$，继续讨论：

若 $l=0$ 且 $I(\boldsymbol{x}^{(k)})=\varnothing$，则停止计算，$\boldsymbol{x}^{(k)}$ 即为所求；不然，计算

$$\boldsymbol{\lambda}^{(k)}=-(\boldsymbol{N}^{(k)\mathrm{T}}\boldsymbol{N}^{(k)})^{-1}\boldsymbol{N}^{(k)\mathrm{T}}\nabla f(\boldsymbol{x}^{(k)}).$$

若 $\boldsymbol{\lambda}_i^{(k)} \geqslant 0,\ i \in I(\boldsymbol{x}^{(k)})$，则停止计算，$\boldsymbol{x}^{(k)}$ 即为所求；否则，令

$$\boldsymbol{\lambda}_q^{(k)} = \min\{\lambda_i^{(k)},\ i \in I(\boldsymbol{x}^{(k)})\},$$

取

$$\boldsymbol{N}^{(k)} = (\boldsymbol{N}^{(k)} \text{ 去掉对应列 } \boldsymbol{a}_q),$$

$$\boldsymbol{P}^{(k)} = I - \boldsymbol{N}^{(k)}(\boldsymbol{N}^{(k)\mathrm{T}}\boldsymbol{N}^{(k)})^{-1}\boldsymbol{N}^{(k)\mathrm{T}},$$

$$\boldsymbol{d}^{(k)} = -\boldsymbol{P}^{(k)}\nabla f(\boldsymbol{x}^{(k)}).$$

步 4：一维线搜索确定步长 μ_k，$\boldsymbol{x}^{(k+1)} = \boldsymbol{x}^{(k)} + \mu_k \boldsymbol{d}^{(k)}$.

步 5：$k = k+1$，转步 1 .

3.2　条件梯度及其加速算法

条件梯度算法也称为Frank-Wolfe 算法，该算法是由 Frank 和 Wolfe 于1956年提出的求解带紧凸约束的凸问题的迭代算法[43]. 该算法的基本思想是：在算法的每步迭代过程中，将原目标函数做线性近似，通过解原问题的一个线性规划的近似问题，来得到一个可行下降方向，再沿该下降方向在可行域内做一维线搜索，得到下一个迭代点.

相较于投影梯度法，该算法每步迭代避免了投影的计算，改为求解一个近似的线性规划问题. 该线性规划子问题的解是多面体约束极点的线性组合，能比较好地保持了解的“稀疏性”. 该算法容易编程实现，占用内存少，特别对于解稀疏和低秩优化问题有较大优势. 近些年来，该算法在交通分配、矩阵填充、结构化 SVM、目标跟踪、稀疏 PCA 等问题上受到了广泛关注，并发展了很多改进算法[10][92][86]. 由于篇幅所限，本节仅介绍原始的条件梯度算法及蓝光辉等人在文献[86] 中给出的改进的加速条件梯度滑动算法.

3.2.1　条件梯度法及收敛性

给定连续可微凸问题：

$$\min_{x \in D} \ f(\boldsymbol{x}), \tag{3.6}$$

这里，$D \subset \mathbb{R}^n$ 紧凸(即有界闭凸集)，f 的梯度是 L-Lipschitz 连续的，即

$$\|\nabla f(\boldsymbol{x}) - \nabla f(\boldsymbol{y})\| \leqslant \|\boldsymbol{x} - \boldsymbol{y}\|,\ \forall \boldsymbol{x}, \boldsymbol{y} \in D.$$

对给定的模型(3.6)，Frank-Wolfe 条件梯度算法的基本框架如下算法所示：

算法 3.2.1(条件梯度算法)

步 0：给定初始点 $\boldsymbol{x}^{(0)} \in D$，$k=0$.

步 1：计算搜索方向 $\boldsymbol{d}^{(k)}$：$\boldsymbol{s}^{(k)} = \arg\min\limits_{s\in D}\{\boldsymbol{s}^{\mathrm{T}}\nabla f(\boldsymbol{x}^{(k)})\}$，$\boldsymbol{d}^{(k)} = \boldsymbol{s}^{(k)} - \boldsymbol{x}^{(k)}$；转步 2.

步 2：$\boldsymbol{x}^{(k+1)} = \boldsymbol{x}^{(k)} + \lambda_k \boldsymbol{d}^{(k)}$，$\lambda_k$ 是按某种规则确定的搜索步长；$k=k+1$，转步 3.

步 3：如果 $\boldsymbol{x}^{(k)}$ 满足终止条件，算法终止；不然，转步 1.

算法 3.2.1 的步 2 中，步长的选择策略有多种，常见的主要有以下几种[10]：

(1) 取单位步长，即 $\lambda_k = 1$.

(2) 取满足 $\lim\limits_{k\to+\infty}\lambda_k = 0$，$\sum\limits_{k=1}^{+\infty}\lambda_k = \infty$，$\sum\limits_{k=1}^{+\infty}\lambda_k^2 < \infty$ 规则的步长，如 $\lambda_k = \dfrac{2}{k+2}$.

(3) 依赖 Lipschitz 常数相关的步长策略，即 $\lambda_k = \lambda_k(L) = \min\left\{-\dfrac{\nabla f(\boldsymbol{x}^{(k)})^{\mathrm{T}}\boldsymbol{d}^{(k)}}{L\|\boldsymbol{d}^{(k)}\|^2}, \lambda_k^{\max}\right\}$.

(4) Armijo 线搜索确定的步长策略，即给定 $\delta \in (0,1)$，$\sigma \in (0, 0.5)$，$\lambda_k = \delta^{m_k}$，这里 m_k 是满足如下不等式的最小非负整数：

$$f(\boldsymbol{x}^{(k)} + \delta^m \boldsymbol{d}^{(k)}) \leqslant f(\boldsymbol{x}^{(k)}) + \sigma\delta^m \nabla f(\boldsymbol{x}^{(k)})^{\mathrm{T}}\boldsymbol{d}^{(k)}.$$

(5) 精确线搜索，即 $\lambda_k = \arg\min\limits_{\lambda\in(0,\lambda^{\max}]} f(\boldsymbol{x}^{(k)} + \lambda\boldsymbol{d}^{(k)})$.

对于算法 3.2.1 的终止条件，方法也不唯一. 传统的一般采用在第 k 步迭代点处，$|\nabla f(\boldsymbol{x}^{(k)})^{\mathrm{T}}\boldsymbol{d}^{(k)}| < \epsilon$，这里，$\epsilon$ 为精度参数，设置这个终止准则的原因是，已经从理论上证明：条件梯度算法得到的 $\boldsymbol{d}^{(k)}$ 要么使得 $\nabla f(\boldsymbol{x}^{(k)})^{\mathrm{T}}\boldsymbol{d}^{(k)} = 0$，此时，$\boldsymbol{x}^{(k)}$ 是满足 KKT 条件的解点，要么有 $\nabla f(\boldsymbol{x}^{(k)})^{\mathrm{T}}\boldsymbol{d}^{(k)} < 0$，此时 $\boldsymbol{d}^{(k)}$ 一定是可行下降方向. 在机器学习的相关应用领域里，一般采用设置最大迭代次数 K，当算法达到最大迭代次数作为终止准则.

对目标函数 f 光滑凸的情形，基于以上几种步长选择策略，相关学者均已证明条件梯度算法能有 $O(1/k)$ 的收敛速度. 如果对问题做更强假设，算法的收敛速度可提高到 $O(1/k^2)$[48]. 对非凸问题，算法可有 $O(1/\sqrt{k})$ 的收敛结果. 由于篇幅所限，这里我们仅列出步长选择策略(2)下，一般凸性假设的收敛性结果，该步长选择策略在机器学习领域中常用到.

定理 3.2.1(条件梯度算法的收敛性定理，[38][76]) 记 $\boldsymbol{x}^*$ 为问题(3.6)的解，$\{\boldsymbol{x}^{(k)}\}$ 为算法 3.2.1 结合步长选择策略(2)计算得到的迭代点列，则有：

(1) $\lim\limits_{k\to+\infty}\boldsymbol{x}^{(k)} = \boldsymbol{x}^*$；

(2) $f(\boldsymbol{x}^{(k)}) - f(\boldsymbol{x}^*) \leqslant \dfrac{2C_f}{k+2}$，这里，$C_f$ 为度量凸可微函数 f 在可行域上的非线性程度的曲率常数，定义如下：

$$C_f = \sup\left\{\frac{2}{\gamma^2}(f(\boldsymbol{y}) - f(\boldsymbol{x}) - (\boldsymbol{y}-\boldsymbol{x})^{\mathrm{T}}\nabla f(\boldsymbol{x}))：\right.$$

$$x, s \in D, \gamma \in [0, 1], y = x + \gamma(s - x)\Big\}.$$

3.2.2 加速条件梯度滑动算法

由于条件梯度方法能很好地保持解的“稀疏性”这个特性，近年来该算法在机器学习的稀疏PCA、度量学习等相关问题中得到了广泛应用. 很多学者在理论收敛性或算法实现效率等各方面对该算法做了创新性工作. 由于篇幅所限，这里仅介绍蓝光辉等人[86] 基于Nesterov加速技巧，给出的改进的条件梯度滑动算法(Conditional Gradient Sliding Algorithm, CGS算法). 该算法的大致框架如下：

算法3.2.2(条件梯度滑动算法)

步0：给定初始点$\boldsymbol{x}^{(0)} \in D$，最大迭代次数$N$，$k=1$，参数$\beta_k > 0$，$\lambda_k \in [0, 1]$，$\eta_k \geqslant 0$，$\boldsymbol{y}^{(0)} = \boldsymbol{x}^{(0)}$；

步1：$\boldsymbol{z}^{(k)} = (1-\lambda_k)\boldsymbol{y}^{(k-1)} + \lambda_k \boldsymbol{x}^{(k-1)}$，转步2；

步2：用条件梯度法解子问题$\boldsymbol{x}^{(k)} = \mathrm{Cnd}\boldsymbol{G}(\nabla f(z^{(k)}, \boldsymbol{x}^{(k-1)}, \beta_k, \eta_k))$，转步3；

步3：$\boldsymbol{y}^{(k)} = (1-\lambda_k)\boldsymbol{y}^{(k-1)} + \lambda_k \boldsymbol{x}^{(k)}$，如果达到算法最大迭代次数，则终止算法，$\boldsymbol{y}^{(N)}$即为所求；不然，$k=k+1$，转步1.

算法3.2.2的步2中的子问题求解步骤如下：

算法3.2.3　$(\mathrm{Cnd}\boldsymbol{G}(\boldsymbol{g}, \boldsymbol{u}, \beta, \eta))$

步0：$\boldsymbol{u}^{(1)} = \boldsymbol{u}$，$t=1$；

步1：计算子问题$V_{\boldsymbol{g}, \boldsymbol{u}, \beta} = \max\limits_{\boldsymbol{x} \in D}(\boldsymbol{g} + \beta(\boldsymbol{u}^{(t)} - \boldsymbol{u}))^{\mathrm{T}}(\boldsymbol{u}^{(t)} - \boldsymbol{x})$，记最优解为$\boldsymbol{v}^{(t)}$，转步2；

步2：如果$\boldsymbol{V}_{\boldsymbol{g}, \boldsymbol{u}, \beta}(\boldsymbol{v}^{(t)}) \leqslant \eta$，$\boldsymbol{u}^{+} = \boldsymbol{u}^{(t)}$，则终止程序，不然，转步3；

步3：$\boldsymbol{u}^{(t+1)} = (1-\alpha_t)\boldsymbol{u}^{(t)} + \alpha_t \boldsymbol{v}^{(t)}$，这里，

转步4：
$$\alpha_t = \min\left\{1, \frac{(\beta(\boldsymbol{u} - \boldsymbol{u}^{(t)}) - \boldsymbol{g})^{\mathrm{T}}(\boldsymbol{v}^{(t)} - \boldsymbol{u}^{(t)})}{\beta\|\boldsymbol{v}^{(t)} - \boldsymbol{u}^{(t)}\|^2}\right\},$$

步4：$k=k+1$，转步1.

3.3　原-对偶内点法

内点法是约束优化问题的常用有效方法. 对内点法的研究最早源于1954年Frish提出的基于障碍参数的内点法[44]. 之后，Dikin等人[36] 提出了新的仿射-尺度内点法，但当时

他们的应用效果远比不上流行的解线性规划的单纯形方法，因而并没有受到重视.

1984 年，Karmarkar[82] 对线性规划给出了新的内点法，跟单纯形方法最坏情形的指数复杂度相比，新算法具有多项式时间复杂度，他的工作引发了一轮对内点法的研究热潮. 截至目前，内点法已经被成功用于线性规划、非线性规划、半定规划、双层规划等多种优化问题. 相关算法在很多软件包，如Matlab、Cplex 等都有实现，这些软件已经被广泛用到各个应用领域.

目前，关于内点法的讨论一般从障碍函数和原 - 对偶两个角度展开，二者的模型可以通过控制参数相互转换. 考虑到原 - 对偶内点法具有超线性收敛性质，也是目前应用最广的一类内点法，本节我们仅以凸二次规划为例，介绍原 - 对偶内点法的基本原理和使用方法，相关内容来源于文献[104]. 在此基础上，我们进一步讨论内点法在机器学习的支持向量机模型的求解中的应用.

3.3.1 凸二次规划的原 - 对偶内点法

为讨论方便起见，我们仅考虑如下带不等式约束的凸二次规划：

$$\begin{aligned} \min_{\boldsymbol{x}} \quad & f(\boldsymbol{x}) = \frac{1}{2}\boldsymbol{x}^{\mathrm{T}}\boldsymbol{G}\boldsymbol{x} + \boldsymbol{x}^{\mathrm{T}}\boldsymbol{d} \\ \text{s.t} \quad & \boldsymbol{x} \in \Omega = \{\boldsymbol{x} \in \mathbb{R}^n : \boldsymbol{A}\boldsymbol{x} \geqslant \boldsymbol{b}\}, \end{aligned} \tag{3.7}$$

这里，$\boldsymbol{G} \in \mathbb{R}^{n\times n}$为对称半正定矩阵，$\boldsymbol{A} = [\boldsymbol{a}_1, \cdots, \boldsymbol{a}_m]^{\mathrm{T}}$，$\boldsymbol{b} = [b_1, \cdots, b_m]^{\mathrm{T}}$.

根据约束优化的最优性条件的讨论，我们有：

命题 3.3.1 如果式(3.7) 的可行域内部非空，即：$\Omega^0 \neq \varnothing$，$\boldsymbol{x}^*$ 是式(3.7) 的最优解，则存在 Lagrange 乘子 $\boldsymbol{\lambda}^* \in \mathbb{R}^m_+$，使得如下式子成立：

$$\begin{aligned} & \boldsymbol{G}\boldsymbol{x} - \boldsymbol{A}^{\mathrm{T}}\boldsymbol{\lambda} + \boldsymbol{d} = 0, \\ & \boldsymbol{A}\boldsymbol{x} - \boldsymbol{b} \geqslant 0, \\ & (\boldsymbol{A}\boldsymbol{x} - \boldsymbol{b})_i \lambda_i = 0, \\ & \boldsymbol{\lambda}_i \geqslant 0,\ i = 1, \cdots, m. \end{aligned} \tag{3.8}$$

引入松弛变量 $\boldsymbol{y} = \boldsymbol{A}\boldsymbol{x} - \boldsymbol{b}$，可将 KKT 系统(3.8) 写成如下形式：

$$\boldsymbol{F}(\boldsymbol{x},\boldsymbol{\lambda},\boldsymbol{y}) = \begin{bmatrix} \boldsymbol{G}\boldsymbol{x} - \boldsymbol{A}^{\mathrm{T}}\lambda + \boldsymbol{d} \\ \boldsymbol{A}\boldsymbol{x} - \boldsymbol{y} - \boldsymbol{b} \\ \boldsymbol{Y}\boldsymbol{\Lambda}\boldsymbol{e} \end{bmatrix} = \begin{bmatrix} \boldsymbol{0} \\ \boldsymbol{0} \\ \boldsymbol{0} \end{bmatrix},\ \boldsymbol{y}^{\mathrm{T}}\boldsymbol{\lambda} \geqslant 0, \tag{3.9}$$

这里，$\boldsymbol{Y} = \mathrm{diag}(\boldsymbol{y}_1, \cdots, \boldsymbol{y}_m)$，$\boldsymbol{\Lambda} = \mathrm{diag}(\boldsymbol{\lambda}_1, \cdots, \boldsymbol{\lambda}_m)$，$\boldsymbol{e} = (1, \cdots, 1)^{\mathrm{T}}$.

原 - 对偶内点法采用 Newton 算法或它的变形算法求解式(3.9)，同时确保每步迭代点满足严格可行，即$\boldsymbol{y}^{\mathrm{T}}\boldsymbol{\lambda} > 0$，这是它被称为内点法的由来. 为避免牛顿步产生的迭代点违背可行性条件，引入路径化参数$\boldsymbol{\sigma} \in [0, 1]$和对偶缝参数

$$\mu = \frac{1}{m}\sum_{i=1}^{m} y_i \boldsymbol{\lambda}_i = \frac{\boldsymbol{y}^{\mathrm{T}}\boldsymbol{\lambda}}{m}$$

来度量路径偏移程度，并将求解式(3.9) 转化为路径跟踪含参数的非线性系统(3.10) 确定的中央路径上，

$$\boldsymbol{F}(\boldsymbol{x}_\mu, \boldsymbol{y}_\mu, \boldsymbol{\lambda}_\mu) = \begin{bmatrix} \boldsymbol{0} \\ \boldsymbol{0} \\ \sigma\mu\boldsymbol{e} \end{bmatrix}, \ \boldsymbol{y}^{\mathrm{T}}\boldsymbol{\lambda} > 0. \tag{3.10}$$

实现中央路径的路径跟踪，一般每步迭代通过式(3.10) 的一个 Newton 迭代步确定前进方向. 总结来说，原 - 对偶内点法解(3.7) 的基本框架可以如下所示：

算法 3.3.1(原 - 对偶内点法)

步 0：给定初始点$\boldsymbol{x}^{(0)} \in \Omega^0$，$\boldsymbol{y}^{(0)} = \boldsymbol{A}\boldsymbol{x}^{(0)} - \boldsymbol{b}$，$\boldsymbol{\lambda}^{(0)} \in \mathbb{R}^m_{++}$，$k = 0$；

步 1：求解线性方程组

$$\begin{bmatrix} \boldsymbol{G} & -\boldsymbol{A}^{\mathrm{T}} & \boldsymbol{0} \\ \boldsymbol{A} & \boldsymbol{0} & -\boldsymbol{I}_m \\ \boldsymbol{0} & \boldsymbol{Y} & \boldsymbol{\Lambda} \end{bmatrix} \begin{bmatrix} \Delta\boldsymbol{x} \\ \Delta\boldsymbol{\lambda} \\ \Delta\boldsymbol{y} \end{bmatrix} = \begin{bmatrix} -\boldsymbol{r}_d \\ -\boldsymbol{r}_b \\ -\boldsymbol{\Lambda}\boldsymbol{Y}\boldsymbol{e} + \sigma\mu_k\boldsymbol{e} \end{bmatrix}, \tag{3.11}$$

这里，$\boldsymbol{I}_m$ 表示 m 阶单位阵，$\boldsymbol{\Lambda} = \mathrm{diag}(\boldsymbol{\lambda}^{(k)})$，$\boldsymbol{Y} = \mathrm{diag}(\boldsymbol{y}^{(k)})$，$\boldsymbol{r}_d = \boldsymbol{G}\boldsymbol{x}^{(k)} - \boldsymbol{A}^{\mathrm{T}}\boldsymbol{\lambda}^{(k)} + \boldsymbol{d}$，$\boldsymbol{r}_b = \boldsymbol{A}\boldsymbol{x}^{(k)} - \boldsymbol{y}^{(k)} - \boldsymbol{b}$，$\sigma \in [0, 1]$，$\mu_k = \frac{1}{m}\sum_{i=1}^{m} \boldsymbol{y}_i^{(k)}\boldsymbol{\lambda}_i^{(k)}$；

步 2：确定步长 $\alpha_k > 0$，

$$(\boldsymbol{x}^{(k+1)}, \boldsymbol{\lambda}^{(k+1)}, \boldsymbol{y}^{(k+1)}) = (\boldsymbol{x}^{(k)}, \boldsymbol{\lambda}^{(k)}, \boldsymbol{y}^{(k)}) + \alpha_k(\Delta\boldsymbol{x}, \Delta\boldsymbol{\lambda}, \Delta\boldsymbol{y}),$$

这里，步长 α_k 由某种步长选择策略得到，并使得$(\boldsymbol{y}^{(k+1)}, \boldsymbol{\lambda}^{(k+1)}) > \boldsymbol{0}$.

算法 3.3.1 的主要计算量在于步 1 的线性方程组的求解. 实际计算时，常将步 1 中的线性方程组写成如下紧凑形式：

$$\begin{bmatrix} \boldsymbol{G} & -\boldsymbol{A}^{\mathrm{T}} \\ \boldsymbol{G} & \boldsymbol{\Lambda}^{-1}\boldsymbol{Y} \end{bmatrix} \begin{bmatrix} \Delta\boldsymbol{x} \\ \Delta\boldsymbol{\lambda} \end{bmatrix} = \begin{bmatrix} -\boldsymbol{r}_d \\ -\boldsymbol{r}_b - \boldsymbol{y}^{(k)} + \sigma\mu_k\boldsymbol{\Lambda}^{-1}\boldsymbol{e} \end{bmatrix}. \tag{3.12}$$

在每步迭代的计算中，常通过修正 Cholesky 分解求解如下紧凑的法方程求出 $\Delta\boldsymbol{x}$，再代入式(3.12) 中 求出 $\Delta\boldsymbol{\lambda}$，最后代入步 1 中的方程组求出 $\Delta\boldsymbol{y}$.

$$(\boldsymbol{G} + \boldsymbol{A}^{\mathrm{T}}(\boldsymbol{Y}^{-1}\boldsymbol{\Lambda})\boldsymbol{A})\Delta\boldsymbol{x} = -\boldsymbol{r}_d + \boldsymbol{A}^{\mathrm{T}}(\boldsymbol{Y}^{-1}\boldsymbol{\Lambda})[-\boldsymbol{r}_b - \boldsymbol{y}^{(k)} + \sigma\mu_k\boldsymbol{\Lambda}^{-1}\boldsymbol{e}]. \tag{3.13}$$

关于步 2 中步长的计算，常见的做法是采用回溯线搜索. 令 $\alpha_{\max} = \sup\{\alpha \in [0, 1]: \boldsymbol{\lambda} + \alpha\Delta\boldsymbol{\lambda} \geqslant 0\} = \min\{1, \min\{-\boldsymbol{\lambda}_i\Delta\boldsymbol{\lambda}_i: \Delta\boldsymbol{\lambda}_i < 0, i = 1, \cdots, m\}\}$ 为最大正步长，$\alpha_k = \max\{0.99\beta^j\alpha_{\max}: \boldsymbol{y}^{(k)} + 0.99\beta^j\alpha_{\max}\Delta\boldsymbol{y} > 0, j = 0, 1, 2, \cdots\}$.

3.3.2 内点法在支持向量机中的应用

支持向量机(Support Vector Machine, SVM) 是一类按监督学习方法对数据进行二元分类的广义线性分类器，其决策边界是对学习样本求最大边距超平面. 该方法借助损失函数计算经验风险，并在求解系统中加入正则化项优化结构风险，同时通过核方法实现非线性分类，是一类常见的核学习方法.

SVM 最早由苏联学者 Vladimir N. Vapnik 和 Alexander Y. Lerner 于 1963 年提出[138]. 此后在 20 世纪 90 年代，随着 VC 维和面向有限样本的统计学习理论的建立和完善以及核方法的提出，SVM 被逐步理论化并成为统计学习理论的一部分，在分类和回归等问题上被广泛使用. 根据正则项的范数选择不同，SVM 对应有不同的优化模型. 文献[41][145] 对 SVM 的优化模型和相关算法给了综述性的介绍，并讨论了大规模 SVM 的有效实现. 本节仅以基于 2 - 范数的线性核分类的 SVM 模型为例，简要阐述内点法在 SVM 上的具体应用.

用 $\boldsymbol{A} \in \mathbb{R}^{m\times n}$ 表示给定的 m 个 n 维空间的独立同分布的样本点，对角阵 $\boldsymbol{D}$ 的第 i 个对角元表示第 i 个样本点对应的类别标签，$\boldsymbol{D}_i = 1$（正类点）或 $\boldsymbol{D}_i = -1$（负类点），线性 SVM 的目标是希望构建一个分类超平面 $\boldsymbol{\omega}^{\mathrm{T}}\boldsymbol{x} + b = 0$ 将这两类点分开，并且分类间距尽可能大. 该问题可建模成如下优化问题：

$$\begin{aligned} \min_{\boldsymbol{\omega}, b, \boldsymbol{\xi}} \quad & \frac{1}{2}(\boldsymbol{\omega}^{\mathrm{T}}\boldsymbol{\omega} + b^2) + \frac{C}{2}\sum_{i=1}^{m}\boldsymbol{\xi}_i^2 \\ \text{s.t.} \quad & \boldsymbol{D}(\boldsymbol{A}\boldsymbol{\omega} - b\boldsymbol{e}) + \boldsymbol{\xi} \geqslant \boldsymbol{e}, \end{aligned} \tag{3.14}$$

这里，C 为调节参数，$\boldsymbol{e} = (1, \cdots, 1)^{\mathrm{T}}$ 为 m 个 1 组成的列向量.

基于对偶理论，模型(3.14) 的对偶问题为：

$$\begin{aligned} \min_{\boldsymbol{x}} \quad & \frac{1}{2}\boldsymbol{x}^{\mathrm{T}}\left(\frac{1}{C}\boldsymbol{I}_m + \boldsymbol{D}(\boldsymbol{A}\boldsymbol{A}^{\mathrm{T}} + \boldsymbol{e}\boldsymbol{e}^{\mathrm{T}})\boldsymbol{D}^{\mathrm{T}}\right)\boldsymbol{x} - \boldsymbol{e}^{\mathrm{T}}\boldsymbol{x} \\ \text{s.t.} \quad & \boldsymbol{x} \geqslant \boldsymbol{0}, \end{aligned} \tag{3.15}$$

这里，$\boldsymbol{I}_m$ 表示 m 维的单位矩阵. 要得到 SVM 所求的分类超平面，可以通过求解原模型(3.14) 直接得到，或者求解对偶模型(3.15) 求出对偶变量 $\boldsymbol{x}$，然后利用 $\boldsymbol{\omega} = \boldsymbol{A}^{\mathrm{T}}\boldsymbol{D}^{\mathrm{T}}\boldsymbol{x}$, $\boldsymbol{b} = -\boldsymbol{e}^{\mathrm{T}}\boldsymbol{D}^{\mathrm{T}}\boldsymbol{x}$ 求得. 注意到这里对偶模型(3.15) 只有界约束，形式上比原模型(3.14) 要简单，并且求解的变量个数也更少. 我们这里考虑原 - 对偶内点法求解对偶模型(3.15) 的细节.

式(3.15) 是一个严格凸二次规划模型，它的 KKT 最优性条件是一个充要条件，该最优性条件可写为

$$\begin{aligned}(\boldsymbol{S}+\boldsymbol{RHR}^{\mathrm{T}})\boldsymbol{x}-\boldsymbol{e}&=\boldsymbol{z},\\ \boldsymbol{XZe}&=\boldsymbol{0},\\ \boldsymbol{x}&\geqslant\boldsymbol{0},\\ \boldsymbol{z}&\geqslant\boldsymbol{0},\end{aligned}\tag{3.16}$$

这里，$\boldsymbol{S}=\frac{1}{C}\boldsymbol{I}_m$，$\boldsymbol{R}=\boldsymbol{D}[\boldsymbol{A}-\boldsymbol{e}]$，$\boldsymbol{H}=\boldsymbol{I}_{n+1}$，$z$ 为对应非负界约束的乘子.

原-对偶内点法求解(3.16)，步 1 要求解的方程组为如下形式：

$$\begin{bmatrix}\boldsymbol{S}+\boldsymbol{RHR}^{\mathrm{T}} & \boldsymbol{I}\\ \boldsymbol{Z} & \boldsymbol{X}\end{bmatrix}\begin{bmatrix}\Delta\boldsymbol{x}\\ \Delta\boldsymbol{z}\end{bmatrix}=\begin{bmatrix}\boldsymbol{z}^{(k)}-(\boldsymbol{S}+\boldsymbol{RHR}^{\mathrm{T}})\boldsymbol{x}^{(k)}+\boldsymbol{e}\\ -\boldsymbol{XZe}\end{bmatrix},\tag{3.17}$$

这里，$\boldsymbol{X}=\mathrm{diag}(\boldsymbol{x}^{(k)})$，$\boldsymbol{Z}=\mathrm{diag}(\boldsymbol{z}^{(k)})$. 考虑到要求解方程组(3.17)，最关键的在于对系数矩阵的处理，后续为简便起见，方程组右边统一用 $\boldsymbol{r}$ 简写.

把方程组消去 Δz，记 $\boldsymbol{V}=\boldsymbol{Z}^{-1}\boldsymbol{X}+\boldsymbol{S}$，我们有

$$(\boldsymbol{V}+\boldsymbol{RHR}^{\mathrm{T}})\delta\boldsymbol{x}=\boldsymbol{r}.\tag{3.18}$$

方程组(3.18) 的系数矩阵是一个易求逆的矩阵 $\boldsymbol{V}$ 的秩 n 校正，当 $n<<m$ 时，可以用 Sherman-Morrison-Woodbury(SMW) 公式计算逆

$$(\boldsymbol{V}+\boldsymbol{RHR}^{\mathrm{T}})^{-1}=\boldsymbol{V}^{-1}-\boldsymbol{V}^{-1}\boldsymbol{R}(\boldsymbol{H}^{-1}+\boldsymbol{R}^{\mathrm{T}}\boldsymbol{V}^{-1}\boldsymbol{R})^{-1}\boldsymbol{R}^{\mathrm{T}}\boldsymbol{V}^{-1}\tag{3.19}$$

来求得 $\Delta\boldsymbol{x}$，然后再代入求出 Δz.

在式(3.19) 中，$\boldsymbol{V}^{-1}$ 和 $\boldsymbol{H}^{-1}$ 都是简单的对角阵的逆，$\boldsymbol{H}^{-1}+\boldsymbol{R}^{\mathrm{T}}\boldsymbol{V}^{-1}R$ 为$(n+1)\times(n+1)$ 的对称矩阵，当 n 不大时，可以直接用线性方程组的数值解法求解.

总结来说，$\Delta\boldsymbol{x}$ 可以按如下步骤计算得到：

(1) 计算 $\boldsymbol{t}_1=\boldsymbol{R}^{\mathrm{T}}\boldsymbol{V}^{-1}\boldsymbol{r}$；

(2) 求解线性方程组$(\boldsymbol{H}^{-1}+\boldsymbol{R}^{\mathrm{T}}\boldsymbol{V}^{-1}\boldsymbol{R})\boldsymbol{t}_2=\boldsymbol{t}_1$；

(3) $\Delta\boldsymbol{x}=\boldsymbol{V}^{-1}\boldsymbol{r}-\boldsymbol{V}^{-1}\boldsymbol{R}\boldsymbol{t}_2$.

当数据规模非常大，计算机内存无法存储时，需要考虑通过异步输入输出来进行计算. 文献[41] 给出了具体做法，并讨论了减少异步计算时的舍入误差的一些细节，我们仅列出主要的计算步骤. 在计算过程中，最主要的计算在矩阵 $\boldsymbol{M}=\boldsymbol{H}^{-1}+\boldsymbol{R}^{\mathrm{T}}\boldsymbol{V}^{-1}\boldsymbol{R}$ 上，可以考虑将当中的 $\boldsymbol{R}$ 和 $\boldsymbol{V}^{-1}$ 分成 p 块，$\boldsymbol{M}=\boldsymbol{H}^{-1}+\sum_{j=1}^{p}\boldsymbol{R}_j^{\mathrm{T}}\boldsymbol{V}_j^{-1}\boldsymbol{R}_j$，然后按如下步骤计算：

(1) $\boldsymbol{M}=\boldsymbol{H}^{-1}$，向磁盘请求读取 $\boldsymbol{R}_1$ 和$(\boldsymbol{V}^{-1})_1$.

(2) 对 $j=1,\cdots,p-1$，执行如下操作：

(a) 等待 $\boldsymbol{R}_j$ 和$(\boldsymbol{V}^{-1})_j$ 完成加载;

(b) 向磁盘请求读取 $\boldsymbol{R}_{j+1}$ 和$(\boldsymbol{V}^{-1})_{j+1}$;

(c)$\boldsymbol{M}=\boldsymbol{M}+\boldsymbol{R}_j^{\mathrm{T}}\boldsymbol{V}_j^{-1}\boldsymbol{R}_j$.

(3) 等待 $\boldsymbol{R}_p$ 和$(\boldsymbol{V}^{-1})_p$ 完成加载.

(4)$\boldsymbol{M}=\boldsymbol{M}+\boldsymbol{R}_p^{\mathrm{T}}\boldsymbol{V}_p^{-1}\boldsymbol{R}_p$.

3.4 ADMM 算法

交替方向乘子法(Alternating Direction Method of Multipliers, ADMM)是求解带有可分离结构的优化问题的重要方法, 该方法通过分解协调(Decomposition - Coordination)过程, 将大的全局问题分解为多个较小的容易求解的局部子问题, 然后通过协调子问题的解得到全局问题的解. 该方法最早于 20 世纪 70 年代中期, 分别由 Glowinski 和 Marrocco[52]、Gabay 和 Mercier[45] 提出. 2011 年, Boyd 等[13] 将该方法重新综述并成功用于大规模分布式优化问题, 使得该方法开始受到人们的广泛关注与深入研究.

与其他一些方法相比, ADMM 方法具有求解相对简单且收敛速度快的特点, 在分布式计算与大规模优化问题中表现优异. 目前, 该算法在统计学习、机器学习等领域及图像处理、信号处理等问题中有着广泛应用. 本节我们拟基于相关文献简单介绍该方法的基本原理与实现. 在此基础上, 讨论该方法的相关进展及在机器学习中的应用.

3.4.1 预备知识

ADMM 算法的核心是原对偶的增广 Lagrange 方法和对偶上升方法. 为此, 本节先对 Lagrange 对偶、对偶上升方法以及增广 Lagrange 方法做简单回顾.

1. Lagrange 对偶

在约束优化问题中, 当优化模型约束很多或模型非凸时, 可以考虑借助 Lagrange 对偶, 将原模型转换为一个约束少的凹(加一个负号可变为凸)的对偶问题. 对偶问题可以给出原问题的一个下界, 并且在一定条件下, 原问题与对偶问题的解完全等价. 这里, 我们对一般的约束优化的 Lagrange 对偶做大致介绍.

考虑约束优化模型(3.20)：

$$\begin{aligned} \min_{x \in \mathbb{R}^n} \quad & f(\boldsymbol{x}) \\ \text{s.t.} \quad & g(\boldsymbol{x}) = \boldsymbol{0}, \end{aligned} \tag{3.20}$$

这里，g：$\mathbb{R}^n \to \mathbb{R}^l$.

构造 Lagrange 函数 $L(\boldsymbol{x}, \boldsymbol{\lambda}) = f(\boldsymbol{x}) + \boldsymbol{\lambda}^{\mathrm{T}} g(\boldsymbol{x})$，令 $\theta_p(\boldsymbol{x}) = \max\limits_{\boldsymbol{\lambda}} \{L(\boldsymbol{x}, \boldsymbol{\lambda})\}$，则

$$\min_{\boldsymbol{x}, \boldsymbol{\lambda}} L(\boldsymbol{x}, \boldsymbol{\lambda}) \Leftrightarrow \min_{\boldsymbol{x}} \theta_p(\boldsymbol{x}) = \min_{\boldsymbol{x}} \max_{\boldsymbol{\lambda}} L(\boldsymbol{x}, \boldsymbol{\lambda}).$$

可以定义原问题的最优解为 $p^* = \min\boldsymbol{x}\ \theta_p(\boldsymbol{x})$.

类似地，可以构建关于乘子 $\boldsymbol{\lambda}$ 的函数 $\theta_d(\boldsymbol{\lambda}) = \min\limits_{\boldsymbol{x}} L(\boldsymbol{x}, \boldsymbol{\lambda})$，称

$$\max_{\boldsymbol{\lambda}} \theta_d(\boldsymbol{\lambda}) = \max_{\boldsymbol{\lambda}} \min_{\boldsymbol{x}} L(\boldsymbol{x}, \boldsymbol{\lambda}) \tag{3.21}$$

为原模型的对偶问题. 定义对偶问题的最优解为 $d^* = \max_{\boldsymbol{\lambda}} \theta_d(\boldsymbol{\lambda})$. 显然，对偶问题关于变量 $\boldsymbol{\lambda}$ 是线性的，是既凸又凹的.

对任意的 $\boldsymbol{x}$，$\boldsymbol{\lambda}$，显然有

$$\min_{\boldsymbol{x}} L(\boldsymbol{x}, \boldsymbol{\lambda}) \leqslant L(\boldsymbol{x}, \boldsymbol{\lambda}) \leqslant \max_{\boldsymbol{\lambda}} L(\boldsymbol{x}, \boldsymbol{\lambda}),$$

因此，有

$$\boldsymbol{d}^* = \max_{\boldsymbol{\lambda}} \min_{\boldsymbol{x}} L(\boldsymbol{x}, \boldsymbol{\lambda}) \leqslant \min_{\boldsymbol{x}} \max_{\boldsymbol{\lambda}} L(\boldsymbol{x}, \boldsymbol{\lambda}) = p^*,$$

即 $\boldsymbol{d}^* \leqslant \boldsymbol{p}^*$. 称 $\text{gap} = \boldsymbol{p}^* - \boldsymbol{d}^*$ 为对偶间隔(或对偶缝)，当对偶间隔为零时，被称为强对偶，不然，称为弱对偶. 在强对偶条件成立时，可以通过求对偶模型的解得到原模型的解. 不然，在弱对偶条件下，可以利用对偶模型的解得到原模型最优值的下界.

2. 对偶梯度上升方法

对求最大值的对偶问题构造梯度上升方法求解，可以得到原模型的对偶梯度上升算法. 以如下线性等式约束的优化模型为例：

$$\begin{aligned} \min_{\boldsymbol{x}} \quad & f(\boldsymbol{x}), \\ \text{s.t.} \quad & \boldsymbol{A}\boldsymbol{x} = \boldsymbol{b}, \end{aligned} \tag{3.22}$$

利用共轭函数的定义，有

$$\begin{aligned} \theta_d(\boldsymbol{\lambda}) &= \min_{\boldsymbol{x}} L(\boldsymbol{x}, \lambda) \\ &= \min_{\boldsymbol{x}} \{f(\boldsymbol{x}) + \boldsymbol{\lambda}^{\mathrm{T}}(\boldsymbol{A}\boldsymbol{x} - \boldsymbol{b})\} \\ &= -f^*(-\boldsymbol{A}^{\mathrm{T}}\boldsymbol{\lambda}) - \boldsymbol{b}^{\mathrm{T}}\boldsymbol{\lambda}, \end{aligned} \tag{3.23}$$

这里，f^* 表示 f 的共轭函数. 当 f 凸时，式(3.2.3) 满足强对偶性，可以通过求解对偶问题

$\max_{\boldsymbol{\lambda}} \theta_d(\boldsymbol{\lambda})$ 来辅助求解原问题.

当 f 强凸时，对偶函数 $\theta_d(\boldsymbol{\lambda})$ 光滑，由共轭函数的次微分计算性质

$$\boldsymbol{\lambda} \in \partial f(\boldsymbol{x}) \Leftrightarrow \lambda^{\mathrm{T}}\boldsymbol{x} - f(\boldsymbol{x}) \Leftrightarrow \boldsymbol{x} \in \partial f^*(\boldsymbol{\lambda})$$

以及链式法则，我们有

$$\begin{aligned}\nabla\theta_d(\boldsymbol{\lambda}) &= -\frac{\partial f^*(-\boldsymbol{A}^{\mathrm{T}}\boldsymbol{\lambda})}{\partial\boldsymbol{\lambda}} - \boldsymbol{b}\\ &= A\frac{\partial f^*(\boldsymbol{A}^{\mathrm{T}}\boldsymbol{\lambda})}{\partial\boldsymbol{A}^{\mathrm{T}}\boldsymbol{\lambda}} - \boldsymbol{b}\\ &= \boldsymbol{A}\boldsymbol{x}^* - \boldsymbol{b},\end{aligned} \tag{3.24}$$

这里，$\boldsymbol{x}^* = \arg\min_x L(\boldsymbol{x},\boldsymbol{\lambda})$ 为 Lagrange 函数给定 $\boldsymbol{\lambda}$ 后的最小值点. 由于 $\boldsymbol{x}^*$ 未知，可以采用交替优化的思路，对原变量 $\boldsymbol{x}$ 和对偶变量 $\boldsymbol{\lambda}$ 分别交替求解，得到如下对偶上升算法的一般框架：

算法 3.4.1(对偶上升算法)　对 $k=0, 1, \cdots$，执行如下操作：

(1) $\boldsymbol{x}^{(k+1)} = \arg\min_x L(\boldsymbol{x}, \boldsymbol{\lambda}^{(k)})$；

(2) $\boldsymbol{\lambda}^{(k+1)} = \boldsymbol{\lambda}^{(k)} + \alpha_k(\boldsymbol{A}\boldsymbol{x}^{(k+1)} - \boldsymbol{b})$，$\alpha_k$ 为合适的步长，使得 $\theta_d(\boldsymbol{\lambda}^{(k+1)}) > \theta_d(\boldsymbol{\lambda}^{(k)})$.

可以证明：当 f 严格凸强对偶成立时，迭代产生的 $\boldsymbol{x}^{(k)}$，$\boldsymbol{\lambda}^{(k)}$ 都收敛. 此时，原问题与对偶问题同时达到最优.

当目标函数 f 可分，即：$f(\boldsymbol{x}) = \sum_{i=1}^{N} f_i(\boldsymbol{x}_i)$，$\boldsymbol{x} = (\boldsymbol{x}_1, \cdots, \boldsymbol{x}_N)$，$\boldsymbol{x}_i \in \mathbb{R}^{n_i}$ 是 $\boldsymbol{x}$ 的子向量时，可以将问题分块处理. 约束的系数矩阵 $\boldsymbol{A}$ 可以按列分块为

$$\boldsymbol{A}\boldsymbol{x} = [\boldsymbol{A}_1, \cdots, \boldsymbol{A}_N]\boldsymbol{x} = \sum_{i=1}^{N} \boldsymbol{A}_i\boldsymbol{x}_i,$$

相应的 Lagrange 函数也可以分解为

$$L(\boldsymbol{x},\boldsymbol{\lambda}) = \sum_{i=1}^{N} L_i(\boldsymbol{x}_i, \boldsymbol{\lambda}) = \sum_{i=1}^{N} f_i(\boldsymbol{x}_i) + \boldsymbol{\lambda}^{\mathrm{T}}\boldsymbol{A}_i\boldsymbol{x}_i - \boldsymbol{\lambda}^{\mathrm{T}}\boldsymbol{b}.$$

此时，算法 3.4.1 的步(1) 可以分块独立地并行进行，即 $\boldsymbol{x}_i^{(k+1)} = \arg\min_{\boldsymbol{x}_i} L(\boldsymbol{x}_i, \boldsymbol{\lambda}^{(k)})$.

3. 增广 Lagrange 函数

虽然对偶梯度上升方法有很好的可分性质，但该方法需要目标函数严格凸，很多实际问题都不能满足. 比如：$f(\boldsymbol{x})$ 如果是线性函数，迭代步(1) 就不能进行. 为此，可以考虑在 Lagrange 函数上加一个二次正则项，构造如下增广 Lagrange 函数：

$$L_\rho(\boldsymbol{x}, \boldsymbol{\lambda}) = f(\boldsymbol{x}) + \boldsymbol{\lambda}^{\mathrm{T}}(\boldsymbol{A}\boldsymbol{x} - \boldsymbol{b}) + \frac{\rho}{2}\|\boldsymbol{A}\boldsymbol{x} - \boldsymbol{b}\|^2, \tag{3.25}$$

这里，$\rho > 0$ 称为惩罚系数.

由于问题的最终解要满足 $\boldsymbol{A}\boldsymbol{x} - \boldsymbol{b} = \boldsymbol{0}$，因此增加二次项并不会改变原问题. 相应的对偶梯度上升算法 3.4.1 的步(1) 和步(2) 可以相应地调整为：

(1') $\boldsymbol{x}^{(k+1)} = \arg\min_x L_\rho(\boldsymbol{x}, \boldsymbol{\lambda}^{(k)})$；

(2') $\boldsymbol{\lambda}^{(k+1)} = \boldsymbol{\lambda}^{(k)} + \rho(\boldsymbol{A}\boldsymbol{x}^{(k+1)} - \boldsymbol{b})$，

除了把(1) 中的 Lagrange 函数 $L(\boldsymbol{x}, \boldsymbol{\lambda}^{(k)})$ 替换为增广 Lagrange 函数 $L_\rho(\boldsymbol{x}, \boldsymbol{\lambda}^{(k)})$ 外，(2) 中的自适应步长 α_k 更换为取罚系数 ρ 为固定步长. 这是因为只有步长固定为 ρ，才能有 $\boldsymbol{\lambda}^{(k+1)} = \boldsymbol{\lambda}^{(k)} + \rho(\boldsymbol{A}\boldsymbol{x}^{(k+1)} - \boldsymbol{b})$，从而确保对偶可行性成立，即

$$\begin{aligned}\boldsymbol{0} &= \nabla_x L_\rho(\boldsymbol{x}^{(k+1)}, \boldsymbol{\lambda}^{(k)}) \\ &= \nabla_x f(\boldsymbol{x}^{(k+1)}) + \boldsymbol{A}^{\mathrm{T}}(\boldsymbol{\lambda}^{(k)} + \rho(\boldsymbol{A}\boldsymbol{x}^{(k+1)} - \boldsymbol{b})) \\ &= \nabla_x f(\boldsymbol{x}^{(k+1)}) + \boldsymbol{A}^{\mathrm{T}}\boldsymbol{\lambda}^{(k+1)}.\end{aligned} \tag{3.26}$$

3.4.2　ADMM 算法

基于增广 Lagrange 函数的对偶梯度上升方法极大地弱化了原来对偶梯度上升方法的条件，但是增加的二次项破坏了问题结构的可分性. 增广 Lagrange 函数新增的二次项展开后，会有一个交叉项. 没有办法将任务拆成多个子任务并行计算，导致算法对高维问题很难求解.

ADMM 算法考虑将原对偶上升算法的可分解性和增广 Lagrange 乘子的收敛性结合起来. 它考虑将原问题转换为可以串行计算的子任务，将原来不能求解的高维问题转化为多个低维子问题依次求解.

为更好地说明 ADMM 算法，我们假设模型(3.2) 的目标函数可以拆分成 $f(\boldsymbol{x}) = f_1(\boldsymbol{x}_1) + f_2(\boldsymbol{x}_2)$，相应的变量 $\boldsymbol{x}$ 也分解成 $\boldsymbol{x} = (\boldsymbol{x}_1, \boldsymbol{x}_2)$. 为书写方便，不妨将 $\boldsymbol{x}_1$，$\boldsymbol{x}_2$ 分别用 $\boldsymbol{x}$，z 表示，$f_1(\boldsymbol{x}_1)$，$f_2(\boldsymbol{x}_2)$ 用 $f(\boldsymbol{x})$，$g(z)$ 表示，我们考虑如下优化问题：

$$\begin{aligned}\min_{x, z}\ & f(\boldsymbol{x}) + g(z), \\ \text{s.t.}\ & \boldsymbol{A}\boldsymbol{x} + \boldsymbol{B}z = \boldsymbol{c},\end{aligned} \tag{3.27}$$

这里，$\boldsymbol{x} \in \mathbb{R}^n$，$z \in \mathbb{R}^m$，$\boldsymbol{A} \in \mathbb{R}^{p\times n}$，$\boldsymbol{B} \in \mathbb{R}^{p\times m}$，$\boldsymbol{c} \in \mathbb{R}^p$.

对模型(3.27)，我们定义增广 Lagrange 函数

$$L_\rho(\boldsymbol{x}, z, \boldsymbol{\lambda}) = f(\boldsymbol{x}) + g(z) + \boldsymbol{\lambda}^{\mathrm{T}}(\boldsymbol{A}\boldsymbol{x} + \boldsymbol{B}z - \boldsymbol{c}) + \frac{\rho}{2}\|\boldsymbol{A}\boldsymbol{x} + \boldsymbol{B}z - \boldsymbol{c}\|_2^2, \tag{3.28}$$

基于增广 Lagrange 函数 $L_\rho(\boldsymbol{x}, z, \boldsymbol{\lambda})$，ADMM 算法的迭代步骤如下：

算法 3.4.2(ADMM 基本迭代格式)　对 $k=0, 1, \cdots$，执行如下操作：

(1) $\boldsymbol{x}^{(k+1)} = \arg\min_x L_\rho(\boldsymbol{x}, \boldsymbol{z}^{(k)}, \boldsymbol{\lambda}^{(k)})$；

(2) $\boldsymbol{z}^{(k+1)} = \arg\min_z L_\rho(\boldsymbol{x}^{(k+1)}, \boldsymbol{z}, \boldsymbol{\lambda}^{(k)})$；

(3) $\boldsymbol{\lambda}^{(k+1)} = \boldsymbol{\lambda}^{(k)} + \rho(\boldsymbol{A}\boldsymbol{x}^{(k+1)} + \boldsymbol{B}\boldsymbol{z}^{(k+1)} - \boldsymbol{c})$.

算法3.4.2 中的步(1) 和步(2) 是将原问题的自变量分解成两块，但不同于原来的对偶上升的可并行计算过程，ADMM 算法对两块变量的更新是依次进行的，先更新 $\boldsymbol{x}$，再更新 $\boldsymbol{z}$，这也是方法被称为交替方向(Alternating Direction) 的由来. 从算法 3.4.2 我们也能看出：ADMM方法可以看作增广Lagrange 乘子法的分裂版本，本质是把增广Lagrange 乘子法的步(1') 采用Gauss-Seidel 策略，利用变量的最新信息，交替更新 $\boldsymbol{x}$, $\boldsymbol{z}$ 两个变量，从而将问题求解的难度分散到了两个子问题上.

除了算法的迭代格式，算法的终止准则也是需要考虑的方面. 为此，可以定义如下的原始残差和对偶残差以及精度参数：

$$
\begin{aligned}
&\text{原始残差：} \boldsymbol{r}^{(k+1)} = \boldsymbol{A}\boldsymbol{x}^{(k+1)} + \boldsymbol{B}\boldsymbol{z}^{(k+1)} - \boldsymbol{c},\\
&\text{对偶残差：} \boldsymbol{s}^{(k+1)} = \rho \boldsymbol{A}^{\mathrm{T}}\boldsymbol{B}(\boldsymbol{z}^{(k+1)} - \boldsymbol{z}^{(k)}),\\
&\text{原始精度参数：} \epsilon^{\mathrm{pri}} = \sqrt{p}\,\epsilon^{\mathrm{abs}} + \epsilon^{\mathrm{rel}} \max\{\|\boldsymbol{A}\boldsymbol{x}^{(k)}\|_2, \|\boldsymbol{B}\boldsymbol{z}^{(k)}\|_2, \|\boldsymbol{c}\|_2\},\\
&\text{对偶精度参数：} \epsilon^{\mathrm{dual}} = \sqrt{n}\,\epsilon^{\mathrm{abs}} + \epsilon^{\mathrm{rel}} \|\boldsymbol{A}^{\mathrm{T}}\boldsymbol{\lambda}^{(k)}\|_2,
\end{aligned}
\tag{3.29}
$$

这里，ϵ^{abs}, ϵ^{rel} 分别表示算法允许的绝对误差和相对误差. 文献[13] 证明了当 $k \to +\infty$ 时，原始残差和对偶残差均趋于零，此时原始问题和对偶问题的可行性均满足，同时给出了如下的算法终止准则：

$$
\|\boldsymbol{r}^{(k+1)}\| < \epsilon^{\mathrm{pri}} \text{ 并且 } \|\boldsymbol{s}^{(k+1)}\| < \epsilon^{\mathrm{dual}}. \tag{3.30}
$$

除此之外，实际应用中，还有以下一些形式的终止准则：

$$
\frac{\|\boldsymbol{x}^{(k+1)} - \boldsymbol{x}^{(k)}\|}{\|\boldsymbol{x}^{(k)}\|} < \epsilon, \tag{3.31}
$$

$$
\max\{\|\boldsymbol{A}\boldsymbol{x}^{(k+1)} + \boldsymbol{B}\boldsymbol{z}^{(k+1)} - \boldsymbol{c}\|, \|\boldsymbol{B}(\boldsymbol{z}^{(k+1)} - \boldsymbol{z}^{(k)})\|\} < \epsilon. \tag{3.32}
$$

这里，式(3.31) 确保迭代序列收敛，但不能保证收敛到问题的最优解；式(3.32) 中，当 $\|\boldsymbol{B}(\boldsymbol{z}^{(k+1)} - \boldsymbol{z}^{(k)})\|$ 足够小时，对偶残差 $\|\boldsymbol{s}^{(k+1)}\|$ 也足够小，是合理的终止准则.

为了简化形式，经常采用尺度化(scaled) 的形式进行计算. 利用等式 $\|\boldsymbol{a}+\boldsymbol{b}\|_2^2 = \|\boldsymbol{a}\|_2^2 + 2\boldsymbol{a}^{\mathrm{T}}\boldsymbol{b} + \|\boldsymbol{b}\|_2^2$，即：$2\boldsymbol{a}^{\mathrm{T}}\boldsymbol{b} + \|\boldsymbol{b}\|_2^2 = \|\boldsymbol{a}+\boldsymbol{b}\|_2^2 - \|\boldsymbol{a}\|_2^2$，从而有：

$$
\boldsymbol{\lambda}^{\mathrm{T}}(\boldsymbol{A}\boldsymbol{x} + \boldsymbol{B}\boldsymbol{z} - \boldsymbol{c}) + \frac{\rho}{2}\|\boldsymbol{A}\boldsymbol{x} + \boldsymbol{B}\boldsymbol{z} - \boldsymbol{c}\|^2
$$

$$= \frac{\rho}{2}\left(\frac{2}{\rho}\boldsymbol{\lambda}^{\mathrm{T}}(\boldsymbol{Ax} + \boldsymbol{Bz} - \boldsymbol{c}) + \|\boldsymbol{Ax} + \boldsymbol{Bz} - \boldsymbol{c}\|^2\right)$$

$$= \frac{\rho}{2}\left(\|\boldsymbol{Ax} + \boldsymbol{Bz} - \boldsymbol{c} + \frac{\boldsymbol{\lambda}}{\rho}\|^2 - \|\frac{\boldsymbol{\lambda}}{\rho}\|^2\right).$$

令 $\boldsymbol{u} = \frac{\boldsymbol{\lambda}}{\rho}$，则增广 Lagrange 函数(3.28) 可改写为

$$L_\rho(\boldsymbol{x}, \boldsymbol{z}, \boldsymbol{u}) = f(\boldsymbol{x}) + g(\boldsymbol{z}) + \frac{\rho}{2}(\|\boldsymbol{Ax} + \boldsymbol{Bz} - \boldsymbol{c} + \boldsymbol{u}\|_2^2 - \|\boldsymbol{u}\|_2^2). \tag{3.33}$$

此时，算法 3.4.2 的三步迭代可以写成如下形式：

(1) $\boldsymbol{x}^{(k+1)} = \arg\min_x f(\boldsymbol{x}) + g(\boldsymbol{z}^{(k)}) + \frac{\rho}{2}(\|\boldsymbol{Ax} + \boldsymbol{Bz}^{(k)} - \boldsymbol{c} + \boldsymbol{u}^{(k)}\|_2^2 - \|\boldsymbol{u}^{(k)}\|_2^2)$,

即　$\boldsymbol{x}^{(k+1)} = \arg\min_x f(\boldsymbol{x}) + \frac{\rho}{2}\|\boldsymbol{Ax} + \boldsymbol{Bz}^{(k)} - \boldsymbol{c} + \boldsymbol{u}^{(k)}\|_2^2$;

(2) $\boldsymbol{z}^{(k+1)} = \arg\min_z f(\boldsymbol{x}^{(k+1)}) + g(\boldsymbol{z}) + \frac{\rho}{2}(\|\boldsymbol{Ax}^{(k+1)} + \boldsymbol{Bz} - \boldsymbol{c} + \boldsymbol{u}^{(k)}\|_2^2 - \|\boldsymbol{u}^{(k)}\|_2^2)$,

即　$\boldsymbol{z}^{(k+1)} = \arg\min_z g(\boldsymbol{z}) + \frac{\rho}{2}\|\boldsymbol{Ax}^{(k+1)} + \boldsymbol{Bz} - \boldsymbol{c} + \boldsymbol{u}^{(k)}\|_2^2$;

(3) $\boldsymbol{u}^{(k+1)} = \boldsymbol{u}^{(k)} + (\boldsymbol{Ax}^{(k+1)} + \boldsymbol{Bz}^{(k+1)} - \boldsymbol{c})$.

此时，对偶变量 u 的每步更新(即迭代步(3))的步长恒为 1，并且 $\boldsymbol{u}^{(k)} = \boldsymbol{u}^{(0)} + \sum_{i=1}^{k}(\boldsymbol{Ax}^{(k)} + \boldsymbol{Bz}^{(k)} - \boldsymbol{c})$，即第 k 步迭代 $\boldsymbol{u}$ 的更新等于初值 $\boldsymbol{u}^{(0)}$ 加上约束条件的残差的累加和.

例 3.4.1　用 ADMM 算法求解

$$\begin{aligned} &\min_{x, y} \quad (x-1)^2 + (y-2)^2, \\ &\text{s.t.} \quad 2x + 3y = 5,\ x \in [0, 3],\ y \in [1, 4]. \end{aligned} \tag{3.34}$$

定义增广 Lagrange 函数为 $L_\rho(x, y, \lambda) = (x-1)^2 + (y-2)^2 + \lambda(2x + 3y - 5) + \frac{\rho}{2}(2x + 3y - 5)^2$，我们按如下步骤计算：

(1) 取 $x^0 = y^0 = \lambda^0 = 0$, $k = 0$;

(2) $x^{k+1} = \arg\min_{x \in [0, 3]} L_\rho(x, y^k, \lambda^k)$，即 $x^{k+1} = \mathrm{Proj}_{[0, 3]}\left\{\frac{(10 - 6y^k)\rho - 2\lambda^k + 2}{2 + 4\rho}\right\}$;

(3) $y^{k+1} = \arg\min_{y \in [1, 4]} L_\rho(x^{k+1}, y, \lambda^k)$，即 $y^{k+1} = \mathrm{Proj}_{[1, 4]}\left\{\frac{(15 - 6x^{k+1})\rho - 3\lambda^k + 4}{2 + 9\rho}\right\}$;

(4) $\lambda^{k+1} = \lambda^k + \rho(2x^{k+1} + 3y^{k+1} - 5)$;

(5) 如果 $|6\rho(y)(y^{k+1}-y^{k})|<\epsilon_{\text{dual}}$ 并且 $|2x^{k+1}+3y^{k+1}-5|<\epsilon_{\text{pri}}$，则算法终止；不然，$k=k+1$，转(2).

这里，$\text{Proj}_{[a,b]}(t)$ 表示 t 在 $[a,b]$ 上的投影，$\text{Proj}_{[a,b]}(t)=\begin{cases} t, & t\in(a,b), \\ a, & t\leqslant a, \\ b, & t\geqslant b. \end{cases}$

取 $\rho=1$，$\epsilon^{\text{dual}}=\epsilon^{\text{pri}}=1e-4$，按如上步骤迭代 20 次后，算法终止，得近似解点 $(x,y,\lambda)=(0.5385,1.3077,0.4616)$，最优值为 0.6923.

注 3.4.1 (1) 收敛性. 文献[13]证明了若 f, g 正常闭凸、Lagrange 函数至少存在一个鞍点(确保强对偶成立)，则当 $k\to+\infty$ 时，$\boldsymbol{r}^{(k)}\to 0$，$\lambda^{(k)}\to\lambda^{*}$，即最终收敛的解是能确保可行的，对偶变量收敛到最优解点；并且，目标函数值收敛到最优值. 但是，并不能保证原变量能收敛到最优解. 这说明 ADMM 算法能收敛到最优可行解和最优目标函数值，但不能确保是最优解点.

(2) 收敛速度. ADMM 算法的收敛速度分析是该领域的难点，文献[61][64]分别在遍历意义和非遍历意义下证明了该方法有次线性收敛的敛速 $O(1/k)$. 虽然，后续有针对改进 ADMM 算法的敛速分析，使得敛速可以达到 $O(1/k^2)$ 乃至线性收敛[34][133]. 但总体而言，ADMM 算法的收敛速度要比传统算法慢很多. 事实上，实际应用时，不同于梯度下降和牛顿法等一阶二阶算法，该方法不太容易很快收敛到一个较高的误差精度. 因此，它一般针对问题空间规模非常大且对求解精度要求不高的问题. 机器学习领域的很多问题建模后得到的优化模型都符合这一要求，这也是目前在机器学习相关领域 ADMM 算法受到极大关注的原因之一.

3.4.3 ADMM 的改进算法

因为 ADMM 的结构简单、易并行实现等特点，近年来吸引了很多学者的研究兴趣，很多研究者考虑了改进算法. 相关的改进工作一般从如下几个方面考虑：一是为了提高算法整体的收敛性；二是为了提高算法每步迭代的子问题的计算效率；三是将原始的 ADMM 算法推广到更一般的非凸及非光滑问题；四是考虑算法在多分块问题及大规模的分布式计算平台上的更有效的数值实现. 下面，我们简单介绍一下相关工作.

为提高算法的收敛性，文献[51]将 ADMM 基本算法的乘子更新步引入一个松弛因子，其基本迭代如下：

$$\begin{cases} \boldsymbol{x}^{(k+1)} = \arg\min_x L_\rho(\boldsymbol{x}, \boldsymbol{z}^{(k)}, \boldsymbol{\lambda}^{(k)}), \\ \boldsymbol{z}^{(k+1)} = \arg\min_z L_\rho(\boldsymbol{x}^{(k+1)}, \boldsymbol{z}, \boldsymbol{\lambda}^{(k)}), \\ \boldsymbol{\lambda}^{(k+1)} = \boldsymbol{\lambda}^{(k)} - \theta_\rho(\boldsymbol{A}\boldsymbol{x}^{(k+1)} + \boldsymbol{B}\boldsymbol{z}^{(k+1)} - \boldsymbol{c}), \end{cases} \tag{3.35}$$

这里，$\theta \in \left(0, \frac{1+\sqrt{5}}{2}\right)$ 为松弛因子. 通过改变松弛因子的取值，可以提高算法速度. 文献[39]证明了ADMM算法用于原始问题等价于Douglas-Rachford 分裂算法[37]用于对偶问题，从而将两个不同算法联系起来. 在此基础上，它证明了Douglas-Rachford分裂方法是一类特殊的邻近点算法，并提出了广义 ADMM 算法(Generalized ADMM，GADMM)：

$$\begin{cases} \boldsymbol{x}^{(k+1)} = \arg\min_x L_\rho(\boldsymbol{x}, \boldsymbol{z}^{(k)}, \boldsymbol{\lambda}^{(k)}), \\ \boldsymbol{x}_{ad}^{(k+1)} = \alpha\boldsymbol{A}\boldsymbol{x}^{(k+1)} + (1-\alpha)(\boldsymbol{c} - \boldsymbol{B}\boldsymbol{z}^{(k)}), \\ \boldsymbol{z}^{(k+1)} = \arg\min_z L_\rho(\boldsymbol{x}_{ad}^{(k+1)}, \boldsymbol{z}, \boldsymbol{\lambda}^{(k)}), \\ \boldsymbol{\lambda}^{(k+1)} = \boldsymbol{\lambda}^{(k)} - \rho(\boldsymbol{A}\boldsymbol{x}_{ad}^{(k+1)} + \boldsymbol{B}\boldsymbol{z}^{(k+1)} - \boldsymbol{c}), \end{cases} \tag{3.36}$$

这里，$\alpha \in (0, 2)$. 当$\alpha = 1$时，GADMM即为ADMM算法. 当$\alpha > 1$，特别地，当$\alpha \in [1.5, 1.8]$时，算法收敛速度可以加快.

Peaceman-Rachford(PR) 分裂方法[109]可以视为另一种形式的ADMM算法，该算法在每个子问题后都对乘子 λ 进行迭代更新. 经典的 PR 分裂迭代格式如下：

$$\begin{cases} \boldsymbol{x}^{(k+1)} = \arg\min_x L_\rho(\boldsymbol{x}, \boldsymbol{z}^{(k)}, \boldsymbol{\lambda}^{(k)}), \\ \boldsymbol{\lambda}^{k+\frac{1}{2}} = \boldsymbol{\lambda}^{(k)} - \gamma\rho(\boldsymbol{A}\boldsymbol{x}^{(k+1)} + \boldsymbol{B}\boldsymbol{z}^{(k)} - \boldsymbol{c}), \\ \boldsymbol{z}^{(k+1)} = \arg\min_z L_\rho(\boldsymbol{x}^{(k+1)}, \boldsymbol{z}, \boldsymbol{\lambda}^{k+\frac{1}{2}}), \\ \boldsymbol{\lambda}^{(k+1)} = \boldsymbol{\lambda}^{k+\frac{1}{2}} - \rho(\boldsymbol{A}\boldsymbol{x}^{(k+1)} + \boldsymbol{B}\boldsymbol{z}^{(k+1)} - \boldsymbol{c}). \end{cases} \tag{3.37}$$

这里，γ 为给定的调节参数. 在标准的凸条件下，迭代(3.37) 不一定收敛. 但文献[46] 指出：虽然 PR 分裂方法“鲁棒性” 较差，需要在比 ADMM 方法更严格的条件下才能收敛，但如果收敛，PR方法敛速要比ADMM方法更快. 基于PR分裂思想，文献[63][65]分别对子问题的迭代更新引入不同的步长，提出了对称 ADMM 算法. 除此之外，动量加速技巧也被考虑结合到 ADMM 算法中，如文献[60][21] 中的相关工作. 文献[53] 对强凸条件下提出了改进的快速 ADMM 算法，并在弱凸条件下建立了带有重启策略的快速 ADMM. 文献[118]建立了基于Lagrangian方法的统一框架，并对原变量的更新提出了新的校正方法，从而建立了更快的Lagrangian 方法，并证明了在一定条件下，遍历和非遍历情形下的收敛速度可以有 $O(1/k^2)$.

ADMM 算法求解的关键在于对每步迭代的子问题的求解. 以基本的 ADMM 算法 3.4.2

为例，每步迭代需要求解如下两个子问题：

$$\min_{x}\left\{f(\boldsymbol{x})+\boldsymbol{\lambda}^{\mathrm{T}}(\boldsymbol{A}\boldsymbol{x}-\boldsymbol{p}_k)+\frac{\rho}{2}\|\boldsymbol{A}\boldsymbol{x}-\boldsymbol{p}_k\|^2\right\}, \tag{3.38}$$

与

$$\min_{z}\left\{g(z)+\boldsymbol{\lambda}^{\mathrm{T}}(\boldsymbol{B}z-\boldsymbol{d}_k)+\frac{\rho}{2}\|\boldsymbol{B}z-\boldsymbol{d}^{(k)}\|^2\right\}, \tag{3.39}$$

这里，$\boldsymbol{p}^{(k)}=-\boldsymbol{B}z^{(k)}+\boldsymbol{c}$，$\boldsymbol{d}^{(k)}=-\boldsymbol{A}\boldsymbol{x}^{(k+1)}+\boldsymbol{c}$ 为跟求解变量无关的值，可以看成常数. 两个子问题的求解需要求解 $\boldsymbol{A}^{\mathrm{T}}\boldsymbol{A}$(或 $\boldsymbol{B}^{\mathrm{T}}\boldsymbol{B}$) 的逆. 在实际应用中，由于数据点的特点，$\boldsymbol{A}$(或 $\boldsymbol{B}$) 中会出现列远大于行的情形，导致子问题(3.38) 和(3.39) 中有一个(一般至多是其中一个) 不容易求解. 为方便计算，人们常考虑“线性化” 的方法. 以子问题(3.39) 为例，该模型的目标函数可以写成如下形式：

$$g(z)+z^{\mathrm{T}}\boldsymbol{B}^{\mathrm{T}}\boldsymbol{\lambda}^{(k)}+\rho z^{\mathrm{T}}\boldsymbol{B}^{\mathrm{T}}(\boldsymbol{B}z^{(k)}-\boldsymbol{d}^{(k)})+\frac{\rho}{2}\|\boldsymbol{B}(z-z^{(k)})\|^2. \tag{3.40}$$

线性化，就是指把二次项$\frac{\rho}{2}\|\boldsymbol{B}(z-z^{(k)})\|^2$ 用新的二次正则项$\frac{1}{2}\|z-z^{(k)}\|^2$ 近似. 相当于在原目标函数上加一项

$$\frac{1}{2}\|z-z^{(k)}\|_{\boldsymbol{D}}^2,\ \boldsymbol{D}=\mu\boldsymbol{I}-\rho\boldsymbol{B}^{\mathrm{T}}\boldsymbol{B}.$$

此时，子问题即转变为：

$$z^{(k+1)}=\arg\min_{z}L_\rho(\boldsymbol{x}^{(k+1)},z,\boldsymbol{\lambda}^{(k)})+\frac{\mu}{2}\|z-z^{(k)}\|_{\boldsymbol{D}}^2. \tag{3.41}$$

利用临近算子求解线性化后的子问题，以此来简化子问题的计算. 文献[40] 最早基 于该策略，通过半正定临近项，建立了临近 ADMM 算法(Proximal ADMM，PADMM). 在此基础上，很多学者进一步给出了很多深入的工作，如：文献[105] 提出的一般 的PADMM 框架、文献[3] 提出的惯性 ADMM 算法、文献[107] 建立的多步加速的线性化 ADMM 等，线性化 ADMM 的相关工作有很多[18][4][23][58].

在问题凸的条件下，ADMM 相关算法及理论研究已经比较完善. 当问题没有凸性时，ADMM 算法的收敛性比较仍具有挑战性. 近年来，很多学者在经典的 ADMM 算法基础上做了很多改进的算法及理论工作. 非凸收敛性分析多数都借助 Kurdyka-Lojasiewicz(KL) 性质来实现. 如：文献[90] 讨论问题(3.27) 的特殊情形，当 $g(z)$ 二阶连续可微且 Hessian 阵一致有界时，如果罚参数足够大，可以建立相应的非凸 ADMM 算法的收敛性，文献[139] 对两个子问题分别加入 Bregman 距离，给出了非凸 Bregman 型的 ADMM 算法的收敛性. 也有部分工作不需要 KL 性质，如：文献[54] 在没有 KL 性质的假设下，给出了带超松弛步长的

临近 ADMM 的迭代复杂度，文献[77] 在相对温和的误差界条件及稳定值可分的条件下，证明了 ADMM 收敛到稳定点的线性收敛性.

除了以上相关工作，ADMM 算法在更高维的多块可分离模型的推广应用及分布式平台上的计算也是该算法的重要研究方向. 在多块可分离模型上的推广，即为考虑如下多块可分离模型：

$$\begin{aligned} \min \quad & \sum_{i=1}^{n} f_i(\boldsymbol{x}_i), \\ \text{s.t.} \quad & \sum_{i=1}^{n} \boldsymbol{A}_i \boldsymbol{x}_i = \boldsymbol{b}. \end{aligned} \tag{3.42}$$

基本的 ADMM 算法推广用于式(3.42) 的迭代格式为：

$$\begin{cases} \boldsymbol{x}_1^{(k+1)} = \arg\min_{x1} L_\rho(\boldsymbol{x}_1, \boldsymbol{x}_2^{(k)}), \cdots, \boldsymbol{x}_n^{(k)}, \boldsymbol{\lambda}^{(k)}), \\ \qquad \vdots \\ \boldsymbol{x}_i^{(k+1)} = \arg\min_{xi} L_\rho(\boldsymbol{x}_1^{(k+1)}, \boldsymbol{x}_2^{(k+1)}, \cdots, x\boldsymbol{x}_i, \cdots, \boldsymbol{x}_n^{(k)}, \boldsymbol{\lambda}^{(k)}), \\ \qquad \vdots \\ \boldsymbol{x}_n^{(k+1)} = \arg\min_{x\,x_n} L_\rho(\boldsymbol{x}_1^{(k+1)}, \boldsymbol{x}_2^{(k+1)}, \cdots, \boldsymbol{x}_{n-1}^{(k+1)}, \boldsymbol{x}_n, \boldsymbol{\lambda}^{(k)}), \\ \boldsymbol{\lambda}^{(k+1)} = \boldsymbol{\lambda}^{(k)} - \rho(\boldsymbol{A}_i \boldsymbol{x}_i^{(k+1)} - \boldsymbol{b}). \end{cases} \tag{3.43}$$

虽然文献[22] 证明了没有额外假设条件时，ADMM 对 $n > 2$ 的情况不一定收敛. 但一些实证研究表明，迭代(3.43) 仍然能很有效地解决一些实际问题[110]. 一些研究表明：施加诸如目标强凸等假设，可以得到 ADMM 及修正算法对多块模型($n > 2$) 的收敛性[20][62].

因为 ADMM 算法到多块分离模型上的推广，自然而然可以考虑该算法在分布式计算平台上的数值实现. 事实上，相比其他常用的分布式优化方法，分布式的 ADMM 算法具有保护数据隐私性、快速收敛、对噪声和误差鲁棒性较好等显著特点. 目前，分布式 ADMM 算法分为星形网络和一般网络两种. Boyd[13] 首次将 ADMM 方法用于星形网络的分布式一致凸优化问题，该算法是一种同步的分布式算法，可以算是 ADMM 算法的奠基性工作. 在此基础上，很多学者做了很多改进工作，如：文献[158] 为减少等待时间，提出的异步分布式 ADMM；文献[69] 给出的非凸模型上的星形网络的同步分布式 ADMM；文献[70] 提出的异步分布式增量 ADMM 等，这里不再展开介绍.

3.4.4　ADMM 在机器学习中的应用

在机器学习中，正则化学习模型的一般形式如下：

$$\min_{x} f(\boldsymbol{x}) + Cg(\boldsymbol{x}), \tag{3.44}$$

其中，$f(\boldsymbol{x})$ 为某一个给定的损失函数，$g(\boldsymbol{x})$ 为正则项，$\lambda > 0$ 为正则化参数. 该模型可囊括多个学习问题，比如：

Lasso：$f(\boldsymbol{x}) = \frac{1}{2}\|\boldsymbol{Ax} - \boldsymbol{b}\|_2^2$，$g(\boldsymbol{x}) = \|\boldsymbol{x}\|_1$，

Logistic 回归：$f(\boldsymbol{x}) = \boldsymbol{e}^{\mathrm{T}}(\ln\exp(\boldsymbol{Ax} + \boldsymbol{e}) - \boldsymbol{Axb}^{\mathrm{T}})$，$g(\boldsymbol{x})$ 为某种范数的正则项，

线性 SVM：$f(\boldsymbol{x}) = \boldsymbol{e}^{\mathrm{T}}(\boldsymbol{e} - \boldsymbol{Axb}^{\mathrm{T}})_+$，$g(\boldsymbol{x})$ 为某种范数的正则项.

这里，$\boldsymbol{e}$ 表示单位向量，$\boldsymbol{A}$ 和 $\boldsymbol{b}$ 分别对应输入的样本数据集及数据集对应的输出，$(\boldsymbol{a})_+ = \max\{\boldsymbol{a}, 0\}$. 我们以 Lasso 为例，简单讨论下 ADMM 在该类模型上的应用.

引入辅助变量 $\boldsymbol{z}$，可将 Lasso 问题的 ADMM 模型表述如下：

$$\begin{aligned} \min_{x,z}\quad & \frac{1}{2}\|\boldsymbol{Ax} - \boldsymbol{b}\|_2^2 + C\|\boldsymbol{z}\|_1, \\ \text{s.t.}\quad & \boldsymbol{x} - \boldsymbol{z} = 0. \end{aligned} \tag{3.45}$$

迭代的子问题有显式表达式，即相应的 ADMM 迭代格式可写为：

$$\begin{aligned} \boldsymbol{x}^{(k+1)} &= (\boldsymbol{A}^{\mathrm{T}}\boldsymbol{A} + \rho\boldsymbol{I})^{-1}[\boldsymbol{A}^{\mathrm{T}}\boldsymbol{b} + \rho(\boldsymbol{z}^{(k)} - \boldsymbol{\lambda}^{(k)})], \\ \boldsymbol{z}^{(k+1)} &= S_{C/\rho}(\boldsymbol{x}^{(k+1)} + \boldsymbol{\lambda}^{(k)}), \\ \boldsymbol{\lambda}^{(k+1)} &= \boldsymbol{\lambda}^{(k)} + \rho(\boldsymbol{x}^{(k+1)} - \boldsymbol{z}^{(k+1)}), \end{aligned} \tag{3.46}$$

其中，$S_t(a)$ 被称为软阈值算子，定义如下：

$$S_t(a) = \begin{cases} a - t, & a > t, \\ 0, & a \in [-t, t], \\ a + t, & a < -t. \end{cases}$$

基于软阈值算子的定义，$\boldsymbol{z}^{(k+1)}$ 的计算如下：

$$\boldsymbol{z}^{(k+1)} = \begin{cases} \boldsymbol{x}^{(k+1)} + \boldsymbol{\lambda}^{(k)} - \dfrac{C}{\rho}, & \boldsymbol{x}^{(k+1)} + \boldsymbol{\lambda}^{(k)} > \dfrac{C}{\rho}, \\ 0, & \boldsymbol{x}^{(k+1)} + \boldsymbol{\lambda}^{(k)} \in \left[-\dfrac{C}{\rho}, \dfrac{C}{\rho}\right], \\ \boldsymbol{x}^{(k+1)} + \boldsymbol{\lambda}^{(k)} + \dfrac{C}{\rho}, & \boldsymbol{x}^{(k+1)} + \boldsymbol{\lambda}^{(k)} < -\dfrac{C}{\rho}. \end{cases}$$

第4章　其他规划模型及算法

随着机器学习技术的不断发展和创新，该领域建模得到的优化模型也日益复杂和多样. 除了前面章节讨论的常规优化模型，还有一些特殊模型，如 DC 规划(Difference of Convex Programming)、minimax 规划和双层规划等. 本章对这些模型作简要介绍. 相关内容主要来自[1][2][28][29][30][55][67][68][71][78][151][152][160][95] 等文献.

4.1　DC 规划

DC 规划是一类特殊的非凸规划模型，该模型中的函数是特殊的凸函数的差的形式. 对该模型的最早研究可追溯到1964年由 Hoany Tue 提出的多面体集合上求凸函数的最大值的工作[137]. 截至目前，DC 规划已发展成为是非凸规划和全局优化方法的重要组成部分，在经济、工程、图像去噪等众多领域有广泛的应用. 机器学习的一些技术，如聚类、结构预测等，也可建模成该模型. 相关的综述性工作可见文献[66][67][106][71]，本节仅简单介绍该模型的理论及相关算法，并以机器学习中 ramp 损失函数下的正则学习模型为例，探讨 DC 规划在机器学习中的具体应用.

4.1.1　DC 规划

1. DC 函数及其性质

在介绍 DC 规划之前，我们先给出 DC 函数的定义：

定义 4.1.1[71]　设 $C\subset\mathbb{R}^n$ 是凸的，对实值函数 $f\colon C\to\mathbb{R}$，若存在两个凸函数 $g,h\colon C\to\mathbb{R}$，使得 $f(\boldsymbol{x})=g(\boldsymbol{x})-h(\boldsymbol{x})$，则称 $f(\boldsymbol{x})$ 是局部 DC 函数. 若 $C=\mathbb{R}^n$，则称 $f(\boldsymbol{x})$ 是 DC 函数.

另外，如果给定一个函数 $f(\boldsymbol{x})$，存在两个凸函数 $g(\boldsymbol{x})$，$h(\boldsymbol{x})$，使得 $f(\boldsymbol{x})=g(\boldsymbol{x})-h(\boldsymbol{x})$，则称 $g(\boldsymbol{x})-h(\boldsymbol{x})$ 为 $f(\boldsymbol{x})$ 的一个 DC 分解(或称为 $f(\boldsymbol{x})$ 的 DC 表示).

二次函数 $\boldsymbol{x}^{\mathrm{T}}\boldsymbol{Q}\boldsymbol{x}(\boldsymbol{Q}\in\mathbb{R}^{n\times n})$、内积函数 $\boldsymbol{x}^{\mathrm{T}}\boldsymbol{y}=\frac{1}{4}(\|\boldsymbol{x}+\boldsymbol{y}\|^2-\|\boldsymbol{x}-\boldsymbol{y}\|^2)$、距离函数 $d_M(\boldsymbol{x})=\inf\{\|\boldsymbol{x}-\boldsymbol{y}\|:\ \boldsymbol{y}\in M\}$ ($M\subset\mathbb{R}^n$ 为非空闭集) 等都是常见的 DC 函数.

DC 函数有以下性质[71]：

(1) 若 $f_i(\boldsymbol{x})$，$i=0,1,\cdots,m$ 是 DC 函数，则经过如下变换后的函数仍是 DC 函数：

- $|f_0(\boldsymbol{x})|$，$f_0^-(\boldsymbol{x})=\min\{f_0(\boldsymbol{x}),0\}$，$f_0^+(\boldsymbol{x})=\max\{f_0(\boldsymbol{x}),0\}$；
- $\min\limits_{1\leqslant i\leqslant m}\{f_i(\boldsymbol{x})\}$，$\max\limits_{1\leqslant i\leqslant m}\{f_i(\boldsymbol{x})\}$；
- $\sum\limits_{i=1}^{m}\boldsymbol{\lambda}_i f_i(\boldsymbol{x})(\boldsymbol{\lambda}_i\in\mathbb{R},\ i=1,\cdots,m)$；
- $\prod\limits_{i=1}^{m}f_i(\boldsymbol{x})$.

(2) 任意局部 DC 函数都属于 DC 函数.

(3) 对任一 $f:\ \mathbb{R}^n\to\mathbb{R}$，若 f 的二阶偏导数是处处连续函数，则 f 是 DC 函数.

(4) 若 $f:\ \mathbb{R}^n\to\mathbb{R}$ 是 DC 函数，$g:\mathbb{R}^n\to\mathbb{R}$ 是凸函数，则复合函数 $g(f(\boldsymbol{x}))$ 是 DC 函数.

2. DC 规划及最优性条件

当优化模型中的函数是 DC 函数时，该模型就被称为 DC 规划问题. 具体来说，目前的 DC 规划模型大致有如下三种类型：

$$\max_{\boldsymbol{x}\in C}\ f(\boldsymbol{x}) \tag{4.1}$$

其中，$f(\boldsymbol{x})$ 为凸函数，C 为凸集；

$$\min_{\boldsymbol{x}\in\mathbb{R}^n}\ g(\boldsymbol{x})-h(\boldsymbol{x}), \tag{4.2}$$

其中，$g(\boldsymbol{x})$，$h(\boldsymbol{x})$ 为凸函数；

$$\begin{aligned}\min_{x}\ & g(\boldsymbol{x})-h(\boldsymbol{x})\\ \text{s.t.}\ & f_1(\boldsymbol{x})-f_2(\boldsymbol{x})\leqslant 0,\\ & \boldsymbol{x}\in C,\end{aligned} \tag{4.3}$$

其中，$f_1(\boldsymbol{x})$，$f_i(\boldsymbol{x})$，$g(\boldsymbol{x})$，$h(\boldsymbol{x})$ 为凸函数，$C\subset\mathbb{R}^n$ 是凸集.

在模型(4.2) 中，取 $g(\boldsymbol{x})$ 为凸集 C 的指示函数，$h(\boldsymbol{x})=f(\boldsymbol{x})$，则模型(4.1) 可视为模型(4.2) 的特殊情形. 反过来，通过引入一个额外变量 t，又可将模型(4.2) 转化为模型(4.1). 通过对约束构建精确惩罚函数，可将模型(4.3) 转换为模型(4.2). 不失一般性，通常称模型(4.2) 为 DC 规划.

基于 Clarke 对局部 Lipschitz 连续函数提出的次微分和相应的最优性条件理论[26]，若设模型(4.2) 中的目标函数为$f(\boldsymbol{x})=g(\boldsymbol{x})-h(\boldsymbol{x})$，则有$\partial f(\boldsymbol{x})\subset\partial g(\boldsymbol{x})-\partial h(\boldsymbol{x})$，$\partial$为次微分符号. 如果$f(\boldsymbol{x})$正则，则$\partial f(\boldsymbol{x})=\partial g(\boldsymbol{x})-\partial h(\boldsymbol{x})$. 如果$0\in\partial f(x^*)$，则称$x^*$为模型(4.2) 的**稳定点**. 显然，如果$x^*$为模型(4.2) 的最优解点，则它一定是稳定点. 实际求解时，一般以求得问题的稳定点为目标. 考虑到模型(4.2) 的特殊性，可以给出如下定义：

定义 4.1.2[67]　$\boldsymbol{x}^*$称为(4.2) 的临界点(critical point)，如果$0\in\partial g(\boldsymbol{x}^*)-\partial h(\boldsymbol{x}^*)$(或者等价地，$\partial g(\boldsymbol{x}^*)\cap\partial h(\boldsymbol{x}^*)\neq\varnothing$). 如果$\varnothing\neq\partial h(\boldsymbol{x}^*)\subset\partial g(\boldsymbol{x}^*)$，则称$\boldsymbol{x}^*$为(4.2) 的强临界点.

定理 4.1.1[71]　$\boldsymbol{x}^*\in\mathbb{R}^n$为(4.2) 的最优解的充要条件是

$$\partial_\epsilon h(\boldsymbol{x}^*)\subset\partial_\epsilon g(\boldsymbol{x}^*),\ \forall\epsilon>0,$$

这里，$\partial_\epsilon h(\boldsymbol{x}^*)=\{\boldsymbol{s}\in\mathbb{R}^n: h(\boldsymbol{x})\geqslant h(\boldsymbol{x}^*)+\boldsymbol{s}^{\mathrm{T}}(\boldsymbol{x}-\boldsymbol{x}^*)-\epsilon,\ \forall\boldsymbol{x}\in\mathbb{R}^n\}$表示$h(\boldsymbol{x})$在$\boldsymbol{x}^*$的$\epsilon$一次微分($\epsilon\geqslant 0$，当$\epsilon=0$时，即为次微分，此时$\boldsymbol{x}^*$即为强临界点). 类似地，$\partial_\epsilon g(\boldsymbol{x}^*)$表示$g(\boldsymbol{x})$在$\boldsymbol{x}^*$的$\epsilon$一次微分.

特别地，当$g(\boldsymbol{x})$，$h(\boldsymbol{x})$在$\boldsymbol{x}^*$可微时，此时$\boldsymbol{x}^*$是最优解的充要条件是$\nabla h(\boldsymbol{x}^*)=\nabla g(\boldsymbol{x}^*)$.

注 4.1.1　需要注意的是，函数$f(\boldsymbol{x})$的 DC 分解并不是只有$f(\boldsymbol{x})=g(\boldsymbol{x})-h(\boldsymbol{x})$这一种，所以基于临界点的定义，建立的最优性条件并不总是适用的. 还有研究者从方向导数的角度，给出基于D-稳定点建立的最优性条件，并给出了是临界点但不是问题的稳定点的反例，这里不展开叙述. 详细的介绍见文献[1][67][106].

3. DC 规划的对偶模型及算法

目前，求解DC规划的方法一般分为组合类和凸分析类两大类. 基于组合类的方法将问题归结为全局最优解问题，这其中的典型代表是分支定界法. 该方法对可行域进行松弛，然后分支，进而对分支通过目标函数最小化的上下确界来定界，再借助准则剪枝，一直到上下界的差小于阈值时，算法终止，找到问题的全局最优解. 这类算法虽然能找到问题的全局最优解，但运行时间长，对大规模的问题并不适用.

DCA 算法[131][132]是解 DC 规划的著名的局部最优解算法，它是一类凸分析类方法. 该方法利用凸分析工具，依据 DC 对偶理论和局部最优性条件提出，虽然只求出局部最优解，但该方法计算速度很快，且在实际执行时常收敛到问题的全局最优解，在处理大规模问题时非常有优势，目前已成为机器学习相关的 DC 规划模型的主流算法. 本节简要阐述 DCA 算法的原理和实现步骤，具体的收敛性讨论可以参考文献[132][66]. 为此，我们先利用共轭函数，给出 DC 规划的对偶模型.

对给定的 DC 规划模型(4.2)，它的 Fenchel-Rockafellar 对偶模型为：

$$\min\{h^*(\boldsymbol{y})-g^*(\boldsymbol{y}):\boldsymbol{y}\in Y\},\tag{4.4}$$

这里，$h^*(\boldsymbol{y})$，$g^*(\boldsymbol{y})$ 分别为模型(4.2) 中 $h(\boldsymbol{x})$，$g(\boldsymbol{x})$ 的共轭函数，$Y=\{\boldsymbol{y}\in\mathbb{R}^n: h^*(\boldsymbol{y})<+\infty\}$. 原模型(4.2) 与对偶模型(4.4) 存在完美的对称关系，可表述成如下定理：

定理 4.1.2[71]

(1) 如果原模型(4.2) 有最优解，则原模型与对偶模型的最优值相等，即有

$$\min\{g(\boldsymbol{x})-h(\boldsymbol{x}):\boldsymbol{x}\in\mathbb{R}^n\}=\min\{h^*(\boldsymbol{y})-g^*(\boldsymbol{y}):\boldsymbol{y}\in Y\};$$

(2) 对偶模型(4.4) 的对偶模型即为模型(4.2)；

(3) 如果 $\boldsymbol{x}^*$ 是(4.2) 的一个最优解，则每一个 $\boldsymbol{y}^*\in\partial h(\boldsymbol{x}^*)$ 都是对偶模型(4.4) 的最优解；

(4) 如果 $\boldsymbol{y}^*$ 是(4.4) 的一个最优解，则每一个 $\boldsymbol{x}^*\in\partial g^*(\boldsymbol{y}^*)$ 都是原模型(4.2) 的最优解.

基于 DC 规划的局部最优性条件和它与对偶模型的良好的对称关系，可以得到如下的 DCA 算法的基本框架并建立收敛性.

算法 4.1.1　基本的 DCA 算法框架

步 0：取初始点 $\boldsymbol{x}^{(0)}\in\mathbb{R}^n$，$k=0$.

步 1：计算

$$\boldsymbol{y}^{(k)}\in\partial h(\boldsymbol{x}^{(k)}),\tag{4.5}$$

$$\boldsymbol{x}^{(k+1)}=\operatorname{argmin}\{g(\boldsymbol{x})-h(\boldsymbol{x}^{(k)})-\boldsymbol{y}^{(k)\mathrm{T}}(\boldsymbol{x}-\boldsymbol{x}^{(k)}),\ \boldsymbol{x}\in\mathbb{R}^n\}.\tag{4.6}$$

步 2：判断 $\|\boldsymbol{x}^{(k+1)}-\boldsymbol{x}^{(k)}\|<\epsilon$ 或 $g(\boldsymbol{x}^{(k)})-h(\boldsymbol{x}^{(k)})<g(\boldsymbol{x}^{(k+1)})-h(\boldsymbol{x}^{(k+1)})+\epsilon$ 是否成立. 若成立，则终止算法，$\boldsymbol{x}^{(k+1)}$ 即为所求；不然，$k=k+1$，转步 1 继续.

从上面的算法框架 4.1.1 可以看出：DCA 算法的基本思想是每步迭代将模型中的第二个凹函数用它们的仿射形式近似，从而将非凸问题转化为求解一系列凸子问题来完成迭代求解.

定理 4.1.3[132]　**DCA 算法的收敛性结论**

(1)DCA 算法是一个无须线搜索的单调递减的全局收敛算法，即：$g(\boldsymbol{x}^{(k)})-$

$h(\boldsymbol{x}^{(k)}) < g(\boldsymbol{x}^{(k+1)}) - h(\boldsymbol{x}^{(k+1)})$；

(2) 如果 $g(\boldsymbol{x}^{(k)}) - h(\boldsymbol{x}^{(k)}) = g(\boldsymbol{x}^{(k+1)}) - h(\boldsymbol{x}^{(k+1)})$，则算法 k 步迭代终止，此时 $\boldsymbol{x}^{(k)}$ 即为原模型的临界点；

(3) 如果原问题的最优值有限，迭代序列 $\{\boldsymbol{x}^{(k)}\}$ 有界，则迭代序列线性收敛到原模型的临界点；

(4) 如果原模型的 $h(\boldsymbol{x})$ 是多面体函数(线性或分片线性函数)，则此时算法有限步收敛到原问题的临界点 $\boldsymbol{x}^*$；如果 $h(\boldsymbol{x})$ 是多面体凸函数(线性函数)，则 $\boldsymbol{x}^*$ 即为原模型的局部最优解.

随着DC规划的流行，DCA算法受到了广泛的关注，很多改进算法不断被提出. 有研究者从算法本身考虑给出加速算法，比如：将DC函数的凹函数部分进一步放松到非光滑，结合线搜索技巧给出的加速 DCA 收敛算法[2]；加入外插技巧并结合临近 Nesterov 加速技术，给出的带外插的邻近 DCA 算法[144] 等；此外，算法数值实现的关键在于每步迭代的子问题的求解. 通过考虑子问题的更有效的求解算法，进而提高整个 DCA 算法的效率，也是研究者考虑的一个方面，比如文献[68] 中提到的不精确 DCA 算法. 除此之外，还有其他诸如通过新的分解技巧改进 DCA 算法等工作[68]. 限于篇幅，本节不展开讨论.

4.1.2　基于 ramp 损失函数的支持向量机模型的 DCA 算法

机器学习的很多问题，如聚类、变量选择、字典学习等，都可归结为一个 DC 规划模型[67][68]. 本小节以基于 ramp 损失函数的支持向量机模型为例，介绍 DCA 算法应用到机器学习时的一些计算细节.

1. 基于 ramp 损失的支持向量机线性规划模型

给定训练数据 $\{\boldsymbol{x}_i, \boldsymbol{y}_i\}_{i=1}^m$，$\boldsymbol{x}_i \in X \subset \mathbb{R}^n$，$\boldsymbol{y}_i \in Y = \{1, -1\}$，支持向量机模型可以写成如下泛函优化模型：

$$\min_{f \in H_k,\, b \in \mathbb{R}} \frac{C}{2} \|f\|_K^2 + \frac{1}{m} \sum_{i=1}^m L(1 - \boldsymbol{y}_i(f(\boldsymbol{x}_i) + b)), \tag{4.7}$$

这里，H_k 为由 Mercer 核 K 确定的诱导范数 $\|\cdot\|_k$ 得到的再生核 Hilbert 空间，$C > 0$ 为参数，$L: \mathbb{R} \to \mathbb{R}^+$ 为损失函数. 传统的 SVM 模型一般取损失函数为 hinge 损失，即 $L_{\text{hinge}}(\boldsymbol{u}) = \max\{\boldsymbol{u}, 0\}$.

为便于求解，常借助对偶理论考虑 SVM 的对偶模型. 基于对偶理论可以知道，(4.7) 的最优解实际上是在子空间

$$H_K^+ = \left\{ \sum_{i=1}^{m} \boldsymbol{\alpha}_i \boldsymbol{y}_i K(\boldsymbol{x}, \boldsymbol{x}_i) : \alpha_i > 0, i = 1, \cdots, m \right\}$$

上得到. 因此，可以考虑直接在子空间 H_K^+ 上找最优解. 为提高解的稀疏性，常用 l_1 范数来进行正则化，即将模型(4.7) 转化为求解如下模型：

$$\min_{\boldsymbol{\alpha} \in \mathbb{R}_+^m, b \in \mathbb{R}} C \sum_{i=1}^{m} \boldsymbol{\alpha}_i + \frac{1}{m} \sum_{i=1}^{m} L(1 - \boldsymbol{y}_i(f(\boldsymbol{x}_i) + b)). \tag{4.8}$$

考虑到 hinge 损失等凸损失函数对异常点较为敏感，为增强模型的鲁棒性，研究者[27][15] 提出了非凸的鲁棒 ramp 损失，也称为截断 hinge 损失函数. 该函数的原始定义如下：

$$L_{\text{ramp}}(u) = \begin{cases} L_{\text{hinge}}(u), & u \leqslant 1, \\ 1, & u > 1. \end{cases} \tag{4.9}$$

基于 $\min\{a, b\} = a + b - \max\{a, b\}$，不难得出：$L_{\text{ramp}}(u) = \min\{\max\{u, 0\}, 1\} = \max\{u, 0\} - \max\{u - 1, 0\}$. 基于 1- 范数正则及 ramp 损失的线性支持向量机模型(ramp loss linear programming support vector machine, ramp-LPSVM) 可以描述如下[74]：

$$\min_{\boldsymbol{\alpha} \in \mathbb{R}_+^m, b \in \mathbb{R}} C \sum_{i=1}^{m} \boldsymbol{\alpha}_i + \frac{1}{m} \sum_{i=1}^{m} \max\{1 - \boldsymbol{u}_i, 0\} - \frac{1}{m} \sum_{i=1}^{m} \max\{-\boldsymbol{u}_i, 0\}, \tag{4.10}$$

其中，$\boldsymbol{u}_i = \boldsymbol{y}_i\left(\sum_{j=1}^{m} \boldsymbol{\alpha}_j \boldsymbol{y}_j K(\boldsymbol{x}_i, \boldsymbol{x}_j)\right)$，$K(\cdot, \cdot)$ 为给定的核函数.

记 $\boldsymbol{z} = (\boldsymbol{\alpha}^{\mathrm{T}}, \boldsymbol{b})^{\mathrm{T}}$，模型(4.10) 的前两项记为 $g(\boldsymbol{z})$，前三项记为 $h(\boldsymbol{z})$，显然，$g(\boldsymbol{z})$ 和 $h(\boldsymbol{z})$ 都是凸分片线性函数，模型(4.10) 可以写为 $\min_{\boldsymbol{z}}\{g(\boldsymbol{z}) - h(\boldsymbol{z})\}$，是典型的 DC 规划模型. 对模型(4.10) 有一些很好的算法，如：文献[74] 直接将 DCA 算法用于求解该模型、文献[146] 利用模型的可分结构用坐标下降算法求解该模型、文献[25] 给出临近块坐标下降算法求解 ramp 损失下的稀疏可加模型，模型(4.10) 可以看成文献[25] 中的模型的特例. 考虑到本节重点在阐述 DCA 算法的应用，这里仅介绍文献[74] 中用 DCA 算法求解模型(4.10) 的细节.

2. ramp-LPSVM 模型的 DCA 算法

DCA 算法求解模型(4.10) 的基本框架如下：

算法 4.1.2

步 0：初始点 $\boldsymbol{z}^{(0)} = [\boldsymbol{\alpha}^{(0)\mathrm{T}}, b_0]^{\mathrm{T}} \in \mathbb{R}_+^m \times \mathbb{R}$，$k = 0$，精度参数 $\epsilon > 0$.

步 1：计算

$$\boldsymbol{\eta}^{(k)} \in \partial h(z^{(k)}), \tag{4.11}$$

$$z^{(k+1)} = \arg\min_{\boldsymbol{\alpha}\geqslant \mathbf{0}, b}\{g(z) - (h(z^{(k)}) + (z - z^{(k)})^{\mathrm{T}}\boldsymbol{\eta}^{(k)})\}, \tag{4.12}$$

转步 2.

步 2：判断 $\|z^{(k+1)} - z^{(k)}\| < \epsilon$ 是否成立. 若是，则算法终止并输出 $z^{(k+1)}$；不然，$k = k + 1$，转步 1.

在算法 4.1.2 中，步 1 中对(4.11) 和(4.12) 的高效求解是算法数值实现的关键之处. 对(4.11)，$h(z)$ 由于含有 max 型非光滑函数从而不可微，$\max\{u, 0\}$ 的次微分是闭区间[0, 1]，实际计算时一般取次梯度为 0.5. 模型(4.12) 是一个线性规划模型，可以利用现成的线性规划软件包(比如 Matlab 中求解线性规划的 linprog 函数) 直接求解.

需要指出的是，因为 ramp-LPSVM 模型是非凸的分片线性模型，算法 4.1.2 执行过程中可能陷入局部极小解点. 有学者致力于研究如何跳出局部极小解，继续搜索找到一个全局最优解，如：文献[74] 提出的绕山法，是从局部最优出发，绕着目标函数的等值面继续搜索的全局寻优策略；文献[150] 在绕山法基础上提出的山顶投影算法是一个效率更高的改进算法. 考虑到全局最优算法不是我们的主题，这里不再展开叙述.

4.2　Minimax 规划

考虑 Minimax 规划

$$\min_{\boldsymbol{x}\in X}\max_{\boldsymbol{y}\in Y}\{f(\boldsymbol{x}, \boldsymbol{y})\}, \tag{4.13}$$

这里 $X \subset \mathbb{R}^n$，$Y \subset \mathbb{R}^m$，$f(\boldsymbol{x}, \boldsymbol{y})$ 是定义在 $X \times Y$ 上的光滑或非光滑实值函数，记 $F(\boldsymbol{x}) = \max_{\boldsymbol{y}\in Y}\{f(\boldsymbol{x}, \boldsymbol{y})\}$，称 $F(\boldsymbol{x})$ 为原函数.

模型(4.13) 是一类经典的优化问题，曾广泛出现在工程、经济等领域，也是运筹和优化领域被广泛研究的问题. 近年来，随着生成对抗网络、多域上的鲁棒学习、鲁棒对抗学习、强化学习等机器学习中的热门问题被建模成(4.13) 的形式，Minimax 规划的高效数值求解及相关理论分析成为相关学者的热点研究话题.

根据角度不同，对模型(4.13) 有不同的称呼. 当把它看成求原函数 $F(\boldsymbol{x})$ 这一最大型函数的最小值问题时，常称该模型为极大极小问题；如果 Y 是有限点集，则称它为有限极大极小问题；如果 $Y \subset \mathbb{R}^m$ 是紧集，则称它为半无限极大极小问题[113][157][57]. 如果直接从模型(4.13) 本身出发，看成对 $f(\boldsymbol{x}, \boldsymbol{y})$ 先关于 $\boldsymbol{x}$ 求极小再对 $\boldsymbol{y}$ 求极大的问题，可以称为极小极大问题. 目前, 对源于机器学习等问题建模得到的模型(4.13) 的相关研究, 基本都采用极小极大问题这一表述. 根据$f(\boldsymbol{x}, \boldsymbol{y})$ 关于$\boldsymbol{x}$和$\boldsymbol{y}$的凸凹性, 又可分为凸-凹极小极大问题(函数关于$\boldsymbol{x}$凸、$\boldsymbol{y}$凹) 以及非凸-凹、凸-非凹、非凸-非凹极小极大问题. 当模型是凸-凹极小极大问题[101][108] 时, 最优性条件对应的变分不等式是单调算子, 相关的最优性理论和算法已比较完善, 目前机器学习问题建模得到的 Minimax 规划的相关研究多数都集中在非凸模型上的创新性研究. 本章拟对源于机器学习的 Minimax 规划模型的最优性条件及经典算法做简要介绍.

4.2.1 Minimax 规划的最优性条件

定义 4.2.1 称$(\boldsymbol{x}^*, \boldsymbol{y}^*) \in X \times Y$为模型(4.13) 的鞍点(也称纳什均衡点), 如果

$$f(\boldsymbol{x}^*, \boldsymbol{y}) \leqslant f(\boldsymbol{x}^*, \boldsymbol{y}^*) \leqslant f(\boldsymbol{x}, \boldsymbol{y}^*), \ \forall \boldsymbol{x} \in X, \boldsymbol{y} \in Y$$

成立.

从定义 4.2.1 可知, 若$(\boldsymbol{x}^*, \boldsymbol{y}^*)$ 是鞍点, 则$\boldsymbol{x}^*$ 是$f(\cdot, \boldsymbol{y}^*)$ 的极小值点, $\boldsymbol{y}^*$ 是$f(\boldsymbol{x}^*, \cdot)$ 的极大值点.

如果$f(\boldsymbol{x}, \boldsymbol{y})$ 不是在整个定义域上是凸-凹的, 但是局部有凸-凹性质, 则可以类似地给出局部鞍点的定义.

定义 4.2.2 称$(\boldsymbol{x}^*, \boldsymbol{y}^*) \in X \times Y$为模型(4.13) 的局部鞍点(也称纳什均衡点), 如果$\exists \delta > 0$, 对$\forall \boldsymbol{x} \in U_\delta(\boldsymbol{x}^*) = \{\boldsymbol{x} : \|\boldsymbol{x} - \boldsymbol{x}^*\| < \delta, \boldsymbol{x} \in X\}$, $\boldsymbol{y} \in U_\delta(\boldsymbol{y}^*) = \{\boldsymbol{y} : \|\boldsymbol{y} - \boldsymbol{y}^*\| < \delta, \boldsymbol{y} \in Y\}$,

$$f(\boldsymbol{x}^*, \boldsymbol{y}) \leqslant f(\boldsymbol{x}^*, \boldsymbol{y}^*) \leqslant f(\boldsymbol{x}, \boldsymbol{y}^*)$$

成立.

对鞍点, 存在如下最优性条件:

命题 4.2.1 如果$f(\boldsymbol{x}, \boldsymbol{y})$ 关于$\boldsymbol{x}$和$\boldsymbol{y}$分别是光滑可微函数, 则(局部) 鞍点$(\boldsymbol{x}^*, \boldsymbol{y}^*) \in X \times Y$一定是稳定点, 即: 满足

$$\nabla_x f(\boldsymbol{x}^*, \boldsymbol{y}^*) = 0, \ \nabla_y f(\boldsymbol{x}^*, \boldsymbol{y}^*) = 0. \tag{4.14}$$

命题 4.2.2 如果$f(\boldsymbol{x}, \boldsymbol{y})$ 是二次可微函数, 稳定点$(\boldsymbol{x}^*, \boldsymbol{y}^*) \in X \times Y$满足:

$$\nabla_{xx}^2 f(\boldsymbol{x}^*, \boldsymbol{y}^*) < 0, \ \nabla_{yy}^2 f(\boldsymbol{x}^*, \boldsymbol{y}^*) > 0,$$

则稳定点一定是一个严格的局部鞍点.

对于凸-凹极小极大问题, 鞍点可以很好地表述最优性条件, 此时利用梯度下降上升算法(Gradient Descent and Ascent, GDA) 就可以有效地找到问题的ϵ-鞍点. 但是, 对于

非凸极小极大问题，求鞍点是NP难的. 并且，鞍点有可能不存在[80]. 如：$f(x, y)=\sin(x+y)$，所有满足 $x+y=k\pi+\pi/2,\ k\in Z$ 的 (x, y) 都是稳定点，但它们都不是鞍点(文献[80]，Prop 6). 此外，鞍点的定义将两个变量 $\boldsymbol{x}$ 和 $\boldsymbol{y}$ 的选择看成是同时进行的(同步博弈，simultaneous game)，但对于生成对抗网络等问题建模得到的 Minimax 模型中，变量 $\boldsymbol{x}$ 和 $\boldsymbol{y}$ 的选择存在隐含的先后顺序(序贯博弈，sequential game)，鞍点的定义不能很好地反映这一特性. 文献[80]从序贯博弈的角度，给出了新的 Minimax 点的定义，并建立了无约束情形的最优性条件.

定义 4.2.3　称 $(\boldsymbol{x}^*, \boldsymbol{y}^*)\in X\times Y$ 为模型(4.13)的全局 Minimax 点，如果

$$f(\boldsymbol{x}^*, \boldsymbol{y})\leqslant f(\boldsymbol{x}^*, \boldsymbol{y}^*)\leqslant \max_{\tilde{\boldsymbol{y}}\in Y} f(\boldsymbol{x}, \tilde{\boldsymbol{y}}),\ \forall \boldsymbol{x}\in X, \boldsymbol{y}\in Y$$

成立.

不同于当 f 非凸非凹时，鞍点可能不存在的情况，只要 f 连续，X，Y 是紧的，全局 Minimax 点就一定存在. 但对于非凸非凹模型，要求解全局 Minimax 点仍然是 NP 难的问题. 为此，考虑局部最优的局部 Minimax 的定义.

定义 4.2.4　称 $(\boldsymbol{x}^*, \boldsymbol{y}^*)\in X\times Y$ 为模型(4.13)的局部 Minimax 点，如果 $\exists\delta_0>0$，存在一个函数 $h:\mathbb{R}_+\to\mathbb{R}$，满足 $\lim_{\delta\to 0}h(\delta)=0$，使得对 $\forall\delta\in(0, \delta_0]$，$\forall \boldsymbol{x}\in U_\delta(\boldsymbol{x}^*)=\{x:\|\boldsymbol{x}-\boldsymbol{x}^*\|<\delta, \boldsymbol{x}\in X\}$，$\boldsymbol{y}\in U_\delta(\boldsymbol{y}^*)=\{\boldsymbol{y}:\|\boldsymbol{y}-\boldsymbol{y}^*\|<\delta, \boldsymbol{y}\in Y\}$，

$$f(\boldsymbol{x}^*, \boldsymbol{y})\leqslant f(\boldsymbol{x}^*, \boldsymbol{y}^*)\leqslant \max\{f(\boldsymbol{x}, \tilde{\boldsymbol{y}}):\tilde{\boldsymbol{y}}\in\{\boldsymbol{y}\in Y:\|\boldsymbol{y}-\boldsymbol{y}^*\|\leqslant h(\delta)\}\}$$

成立.

注 4.2.1　基于全局 Minimax 点的定义，可以知道：鞍点一定是全局 Minimax 点，局部鞍点一定是局部 Minimax 点. 此外，若 $(\boldsymbol{x}^*, \boldsymbol{y}^*)$ 是(4.13)的全局 Minimax 点，则当且仅当 $\boldsymbol{x}^*=\arg\min_{x\in X}F(\boldsymbol{x})$，$y^*=\arg\max_{y\in Y}f(\boldsymbol{x}^*, \boldsymbol{y})$.

对局部 Minimax 点，可以类似地建立一阶及二阶最优性条件.

命题 4.2.3[80]　如果 f 是连续可微的，则任意局部 Minimax 点一定是稳定点.

命题 4.2.4[80]　如果 f 二次连续可微，稳定点 $(\boldsymbol{x}^*, \boldsymbol{y}^*)$ 满足 $\nabla_{xx}^2 f(\boldsymbol{x}^*, \boldsymbol{y}^*)<0$ 以及

$$[\nabla_{xx}^2 f-\nabla_{xy}^2 f(\nabla_{yy}^2 f)^{-1}\nabla_{yx}^2 f](\boldsymbol{x}, \boldsymbol{y})>0,$$

则稳定点一定是严格的局部 Minimax 点.

基于文献[80]的Minimax点的定义，文献[29]通过分析底层max问题的Jacobian唯一性条件和KKT的强正则性条件，进一步考虑了约束 Minimax 的最优性条件. 文献[78]借助方向导数的工具，给出了约束 Minimax 的一阶及二阶最优性条件，并讨论了刻画最优性条件的 Minimax 点、鞍点、一阶及二阶稳定点的关系. 由于篇幅所限，这里不展开叙述.

4.2.2 Minimax 规划的算法

目前，对凸 - 凹 Minimax 规划已有很多有效的算法可以快速求解. 对非凸 - 凹的情形，求解算法通常有多循环算法和单循环算法两大类. 考虑到单循环算法简单容易实现的特点，本节仅介绍两类典型的单循环算法：梯度下降上升算法（Gradient Descent Ascent, GDA）和交替梯度投影算法（Alternating Gradient Projection, AGP）[152]，更多的算法及相关理论的介绍，可以参考综述性文献[151].

GDA 算法的大致框架如下所示：

算法 4.2.1

步 0：初始点$(\boldsymbol{x}^{(0)}, \boldsymbol{y}^{(0)}) \in X \times Y$，步长 $\eta > 0$，比率 $\gamma > 0$，$k = 0$；

步 1：执行

$$\boldsymbol{x}^{(k+1)} = \mathrm{Proj}_X(\boldsymbol{x}^{(k)} - (\eta/\gamma)\nabla_x f(\boldsymbol{x}^{(k)}, \boldsymbol{y}^{(k)})),$$

$$\boldsymbol{y}^{(k+1)} = \mathrm{Proj}_Y(\boldsymbol{y}^{(k)} + \eta\nabla_y f(\boldsymbol{x}^{(k)}, \boldsymbol{y}^{(k)})),$$

这里 $\mathrm{Proj}_X(\cdot)$，$\mathrm{Proj}_Y(\cdot)$ 分别表示在 X，Y 上的投影；

步 2：验证是否满足终止条件，若是，则输出$(\boldsymbol{x}^{(k+1)}; \boldsymbol{y}^{(k+1)})$；若否，则 $k = k + 1$，转步 1.

观察算法4.2.1的步1可以知道：GDA 算法完全类似于经典的梯度下降算法，它对求最小的变量 $\boldsymbol{x}$ 和求最大的变量 $\boldsymbol{y}$ 分别采用梯度下降步和梯度上升步，若 $\gamma = 1$，则两个变量的更新是完全同步的. 但不同于经典的梯度下降算法对凸规划一定收敛，GDA 算法即使对于双线性的无约束 Minimax 规划这类简单的凸 - 凹 Minimax 模型，GDA 算法也不能确保收敛. 为此，有学者给出一些改进算法，如：结合两步迭代点的最优梯度下降上升算法（Optimal Gradient Descent Ascent, OGDA）[30]、GDmax 算法[79] 等.

对关于 $\boldsymbol{x}$ 非凸或关于 $\boldsymbol{y}$ 非凹的 Minimax 规划，一个典型的技巧是在加正则项光滑化的同时，能凸化（凹化）相关函数. 如：文献[160] 基于 Moreau-Yosida 光滑化技巧，给出改进的光滑化GDA 算法并推广到多块可分离的非凸 - 凹 Minimax 问题；文献[55] 讨论临近点算法的框架以及该算法求解无约束的非凸 - 非凹 Minimax 模型的敛散性；文献[152] 对约束非凸 - 凹和凸 - 非凹 Minimax 问题分别给出了单循环交替梯度投影算法（Alternating Gradient Projection, AGP）. 因篇幅所限，我们仅列出 AGP 的算法思想及框架.

AGP 算法考虑对目标里的函数 $f(\boldsymbol{x}, \boldsymbol{y})$ 构造正则化函数：

$$\hat{f}(\boldsymbol{x}, \boldsymbol{y}) = f(\boldsymbol{x}, \boldsymbol{y}) + \frac{b_k}{2}\|\boldsymbol{x}\|^2 - \frac{c_k}{2}\|\boldsymbol{y}\|^2,$$

这里，$b_k \geqslant 0$，$c_k \geqslant 0$ 为正则化参数. 通过每步极小化正则化函数 $\hat{f}(\boldsymbol{x}, \boldsymbol{y})$ 的线性近似和一个正则项的和(差)，来完成变量 $\boldsymbol{x}(\boldsymbol{y})$ 的一步更新. 具体步骤可阐述如下：

算法 4.2.2

步 0：初始点 $(\boldsymbol{x}^{(0)}, \boldsymbol{y}^{(0)}) \in X \times Y$，$k = 0$，步长 β_k，$\gamma_k > 0$，参数 b_k，$c_k \geqslant 0$；

步 1：计算 β_k，b_k，执行

$$\boldsymbol{x}^{(k+1)} = \mathrm{Proj}_X\left(\boldsymbol{x}^{(k)} - \frac{1}{\beta_k}\nabla_x f(\boldsymbol{x}^{(k)}, \boldsymbol{y}^{(k)}) - \frac{1}{\beta_k} b_k \boldsymbol{x}^{(k)}\right),$$

这里，$\mathrm{Proj}_X(\cdot)$ 表示在 X 上的投影；

步 2：计算 γ_k，c_k，执行

$$\boldsymbol{y}^{(k+1)} = \mathrm{Proj}_Y\left(\boldsymbol{y}^{(k)} + \frac{1}{\gamma_k}\nabla_y f(\boldsymbol{x}^{(k)}, \boldsymbol{y}^{(k)}) - \frac{1}{\gamma_k} c_k \boldsymbol{y}^{(k)}\right),$$

这里，$\mathrm{Proj}_Y(\cdot)$ 表示在 Y 上的投影；

步 3：验证是否满足终止条件，若是，则输出 $(\boldsymbol{x}^{(k+1)}; \boldsymbol{y}^{(k+1)})$；若否，则 $k = k + 1$，转步 1.

算法 4.2.2 的收敛性在 f 关于各变量的梯度 Lipschitz 连续的前提下得到，相关参数按如下要求选择：当 f 关于 $\boldsymbol{x}$ 非凸、关于 $\boldsymbol{y}$ 是 μ- 强凹时，取参数 $\beta_k = \eta$，$\gamma_k = \dfrac{1}{\rho}$ （η，ρ 为跟 Lipschitz常数有关的事先给定的参数），$b_k = c_k = 0$；当 f 关于 $\boldsymbol{x}$ 非凸、关于 $\boldsymbol{y}$ 是凹时，取参数 $\beta_k = \bar{\eta} + \bar{\beta}_k$，$\gamma_k = \dfrac{1}{\rho}$（$\bar{\eta}$，$\bar{\rho}$ 为给定的参数），$\bar{\beta}_k$ 为大于 Lipschitz 常数的序列，$b_k = 0$，c_k 为非负单调递减序列；当 f 关于 $\boldsymbol{x}$ 强凸、关于 $\boldsymbol{y}$ 非凹时，取 $\beta_k = \dfrac{1}{\zeta}$，$\gamma_k = \nu$（$\zeta$，$\nu$ 为跟 Lipschitz 常数有关的事先给定的参数），$b_k = c_k = 0$；当 f 关于 $\boldsymbol{x}$ 凸、关于 $\boldsymbol{y}$ 是非凹时，取参数 $\beta_k = \dfrac{1}{\zeta}$，$\gamma_k = \bar{\nu} + \bar{\gamma}_k$（$\bar{\zeta}$，$\bar{\mu}$ 为给定的参数），$\bar{\gamma}_k$ 为大于 Lipschitz 常数的序列，$c_k = 0$，$b_k = q_k$ 为非负单调递减序列.

算法终止准则设为 ϵ - 稳定点，即满足 $\|\nabla G(\boldsymbol{x}^{(k)}, \boldsymbol{y}^{(k)})\| < \epsilon$，这里，

$$\nabla G(\boldsymbol{x}, \boldsymbol{y}) = \begin{bmatrix} \beta_k\left(\boldsymbol{x}^{(k)} - \mathrm{Proj}_X(\boldsymbol{x}^{(k)} - \dfrac{1}{\beta_k}\nabla \boldsymbol{x} f(\boldsymbol{x}^{(k)}, \boldsymbol{y}^{(k)}))\right) \\ \gamma_k\left(\boldsymbol{y}^{(k)} - \mathrm{Proj}_Y(\boldsymbol{y}^{(k)} + \dfrac{1}{\gamma_k}\nabla \boldsymbol{y} f(\boldsymbol{x}^{(k)}, \boldsymbol{y}^{(k)}))\right) \end{bmatrix}. \tag{4.15}$$

在 f 关于各变量的梯度是 Lipschitz 连续的假设下，文献[152] 给出了算法 4.2.2 的一个收敛性结论，并讨论了当 f 非凸 - 强凹、非凸 - 凹、强凸 - 非凹、凸 - 非凹时，在参数的不同

假设条件下，算法收敛到 ϵ- 稳定点的计算复杂度.

4.2.3 鲁棒神经网络训练的 Minimax 规划模型

Minimax 规划在机器学习的很多问题，如生成对抗网络(Generative Adversarial Network, GAN)[152]、鲁棒学习[152][160] 等问题中有广泛应用. 本节仅简单介绍针对对抗攻击鲁棒的神经网络的 Minimax 规划模型，更多细节可参考文献[99][160].

神经网络的鲁棒性指网络输入在一定范围扰动时，其输出可以保持相对稳定. 关于神经网络的鲁棒性研究除了鲁棒性验证之外，如何在训练过程中增强神经网络的鲁棒性，即鲁棒神经网络的训练，也是鲁棒神经网络的新兴重要问题. 目前，鲁棒神经网络训练主要有数据增强、对抗训练和李普希兹鲁棒性训练三个方面，这其中基于攻击样本的对抗训练是一类典型的 Minimax 规划问题.

基于攻击样本的训练的基本思想是基于反例制导(Counterexample Guided)，即：通过对神经网络进行某种攻击，得到神经网络不能正确分类的样本，即为对抗样本，将对抗样本加入到训练过程进行训练，以期在训练过程中提高神经网络的鲁棒性. 目前，比较有代表性的基于对抗样本的训练有快速梯度符号方法和投影梯度下降方法两类. 我们这里以投影梯度下降为例，介绍鲁棒神经网络的 Minimax 模型. 该模型的统一框架可以描述如下：

$$\min_{\boldsymbol{\omega}} f_S(\boldsymbol{\omega}) = E_{(\boldsymbol{x},\boldsymbol{y})\sim D}\begin{bmatrix}\max L(\boldsymbol{\omega}, \boldsymbol{x}+\boldsymbol{\delta}, \boldsymbol{y}) \\ \boldsymbol{\delta} \in S\end{bmatrix}, \tag{4.16}$$

这里，$L(\cdot, \cdot, \cdot)$ 为损失函数，D 为样本的数据分布，$S \subset \mathbb{R}^n$ 为允许的扰动，一般取围绕 $\boldsymbol{x}$ 的 ϵ_∞ 球扰动. 模型(4.16) 是典型的内部最大化和外部最小化的 Minimax 规划形式. 内部最大化旨在找到给定数据 $\boldsymbol{x}$ 的对抗样本，该对抗样本能使得损失最大. 另一方面，外部最小化问题的目标是确定模型参数，使得内部攻击问题给定的“对抗损失”，即期望的结构风险最小化，进而达到构建鲁棒学习模型的目的.

实际计算时，模型(4.16) 中目标的期望结构风险常用经验风险代替，即求解如下 Minimax 模型：

$$\min_{\boldsymbol{\omega}} f_e(\boldsymbol{\omega}) = \sum_{i=1}^{N} \max\{ l(f(\boldsymbol{x}_i + \boldsymbol{\delta}_i, \boldsymbol{\omega}), \boldsymbol{y}_i) : \|\boldsymbol{\delta}_i\|_\infty \leqslant \epsilon \}, \tag{4.17}$$

由于模型(4.17) 非凸 - 非凹，很难直接求解，一般把内层用有限 max 问题来近似替代，即用如下近似有限 Minimax 模型代替：

$$\min_{\boldsymbol{\omega}} f_e(\boldsymbol{\omega}) = \sum_{i=1}^{N} \max\{ l(f(\hat{\boldsymbol{x}}_{i0}(\boldsymbol{\omega}), \boldsymbol{\omega}), \boldsymbol{y}_i), \cdots, l(f(\hat{\boldsymbol{x}}_{im}(\boldsymbol{\omega}), \boldsymbol{\omega}), \boldsymbol{y}_i) \}, \tag{4.18}$$

其中，$\hat{\boldsymbol{x}}_{ij}(\boldsymbol{\omega})$，$j=0, \cdots, m$，为通过改变网络的输出标签$j$攻击样本$\boldsymbol{x}_i$得到的对抗样本. 它的生成方式有多种，如快速梯度符号方法、迭代梯度符号方法、梯度投影方法. 这里，我们简单列出如式(4.19)所示的，通过梯度投影方法生成对抗样本$\hat{\boldsymbol{x}}_{ij}(\boldsymbol{\omega})$的大致过程，具体参数选择及实现细节可见文献[160].

$$\boldsymbol{x}_{ij}^{k+1} = \mathrm{Proj}_B(\boldsymbol{x}, \epsilon)\left[\boldsymbol{x}_{ij}^k + \alpha \nabla \boldsymbol{x}(Z_j(\boldsymbol{x}_{ij}^k, \boldsymbol{\omega}) - Z_{yi}(\boldsymbol{x}_{ij}^k, \boldsymbol{\omega}))\right],\ k=0, \cdots, K-1,$$
$$\hat{\boldsymbol{x}}_{ij}(\boldsymbol{\omega}) = \boldsymbol{x}_{ij}^K, \tag{4.19}$$

这里，$\alpha > 0$为步长参数；Z_j为对应标签j的softmax前的输出logit；$\mathrm{Proj}_B(\boldsymbol{x}, \epsilon)[\cdot]$表示在以$\boldsymbol{x}$为中心、$\epsilon$为半径的无穷范数球上的投影.

基于等价变形技巧，模型(4.18)可以等价写成如下非凸-凹的Minimax规划模型(4.20)，从而可以利用已有的解非凸-凹的Minimax规划的算法进行求解.

$$\min_{\boldsymbol{\omega}} f(\boldsymbol{\omega}) = \sum_{i=1}^{N} \max_{\boldsymbol{t} \in \mathcal{T}} \left\{ \sum_{j=1}^{N} \boldsymbol{t}_j l(f(\boldsymbol{x}_{ij}^K, \boldsymbol{\omega}), \boldsymbol{y}_i) \right\}, \tag{4.20}$$

这里，$\mathcal{T} = \left\{ (\boldsymbol{t}_0, \cdots, \boldsymbol{t}_m) : \sum_{j=0}^{m} \boldsymbol{t}_j = 1,\ \boldsymbol{t}_j \geqslant 0 \right\}$.

4.3　双层规划

双层规划是一类特殊的优化问题，该模型由具有层次结构的两个规划问题构成，模型的上下层问题都有各自的决策变量、目标函数和约束条件. 下层问题是以上层问题的决策变量为参数的参数规划问题. 模型的上下层分别包含两个不同的决策者：领导者和随从者. 领导者只能通过自身的决策影响随从者，但无法控制随从者做出决策. 随从者在获得领导者决策的相关信息条件下作出理性决策后反馈给上层，进而影响领导者的最终决策. 最优的决策可以使领导者和随从者达成共识.

1934年，Stackelberg[127]首次在经济学相关研究中提出该问题，因此双层规划也被称为Stackelberg模型. 1973年，文献[14]首次将双层规划用数学模型的形式表示并进行系统研究. 此后，越来越多的学者对该模型的理论及相关算法研究产生了极大的兴趣，做出了很多成果，并成功应用在管理、金融、交通和工程等领域[128][33].

近年，随着机器学习技术的快速发展，双层规划也开始被认为是处理复杂机器学习任务的强大理论工具，应用于元学习、小样本学习、超参数优化、神经网络结构搜索、对抗性学习、强化学习等学习任务中，并在算法创新上涌现了很多新的工作[94]. 本节对双层规划的模型及相关算法做简要介绍.

4.3.1 双层规划模型简介

一般地，双层规划模型可表示成如下模型：

$$\begin{aligned}&\min_{x \in \Omega} \quad F(\boldsymbol{x}, \boldsymbol{y}),\\&\text{s.t.} \quad \boldsymbol{y} \in S(\boldsymbol{x}),\end{aligned} \tag{4.21}$$

其中，$S(\boldsymbol{x})$ 表示下层问题(4.22) 的解集合：

$$\begin{aligned}&\min_{y} \quad f(\boldsymbol{x}, \boldsymbol{y}),\\&\text{s.t.} \quad \boldsymbol{y} \in Y(\boldsymbol{x}) = \{\boldsymbol{y} \in \mathbb{R}^m : g(\boldsymbol{x}, \boldsymbol{y}) \leqslant 0,\ h(\boldsymbol{x}, \boldsymbol{y}) = 0\},\end{aligned} \tag{4.22}$$

这里，式(4.21) 和式(4.22) 分别称为上层问题和下层问题. 称 $CR = \{(\boldsymbol{x}, \boldsymbol{y}) \times \mathbb{R}^n \times \mathbb{R}^m : \boldsymbol{x} \in \Omega, \boldsymbol{y} \in Y(\boldsymbol{x})\}$ 为问题的约束域，$FR = \{(\boldsymbol{x}, \boldsymbol{y}) \in CR : \boldsymbol{y} \in S(\boldsymbol{x})\}$ 为问题的可行域.

在给定的双层规划模型中，对于某些给定的上层变量 $\boldsymbol{x}$，相应的下层问题可能存在多个最优解决方案，即下层问题的最优解集 $S(\boldsymbol{x})$ 可能不止包含一个点. 因此，有研究把 $S(\boldsymbol{x})$ 中元素的个数分为“唯一解”和“一般解”两种情况进行讨论，并根据如何从 $S(\boldsymbol{x})$ 中选择求解方案，把双层模型分为乐观双层规划模型(Optimistic Bilevel Programming, OBP) 和悲观双层规划模型(Pessimistic Bilevel Programming, PBP) 进行求解. OBP 模型指领导者认为随从者会从众多最优决策中反馈对自己最有利的决策，即领导者和随从者是完全合作的关系. 该模型可以表示为：

$$\min_{x}\{\min_{y}\{F(\boldsymbol{x}, \boldsymbol{y}) : \boldsymbol{y} \in S(\boldsymbol{x})\} : \boldsymbol{x} \in \Omega\}, \tag{4.23}$$

或

$$\min_{x, y}\{F(\boldsymbol{x}, \boldsymbol{y}) : \boldsymbol{x} \in \Omega, \boldsymbol{y} \in S(\boldsymbol{x})\}. \tag{4.24}$$

PBP 指领导者假设随从者跟自己是完全不合作的关系，从而随从者会从众多最优决策中反馈对自己最不利的决策. 该模型可表示为：

$$\min_{x}\{\max_{y}\{F(\boldsymbol{x}, \boldsymbol{y}) : \boldsymbol{y} \in S(\boldsymbol{x})\} : \boldsymbol{x} \in \Omega\}. \tag{4.25}$$

若记底层问题的最优解集为 $S(\boldsymbol{x})$，可将乐观和悲观双层规划统一表述成如下形式：

$$\begin{aligned}&\min_{x \in \Omega} \quad F(\boldsymbol{x}, \boldsymbol{y}^*(\boldsymbol{x})),\\&\text{s.t.} \quad \boldsymbol{y}^*(\boldsymbol{x}) \text{ 如(4.27) 定义},\end{aligned} \tag{4.26}$$

$$\begin{cases}\boldsymbol{y}^* = \arg\min\limits_{y}\{f(\boldsymbol{x}, \boldsymbol{y}) : g(\boldsymbol{x}, \boldsymbol{y}) \leqslant 0\},\ S(\boldsymbol{x}) \text{ 是单点集},\\[2ex]\boldsymbol{y}^* \in \widetilde{S}(\boldsymbol{x}) = \begin{cases}\arg\min\limits_{y \in S(x)} F(\boldsymbol{x}, \boldsymbol{y}),\ \text{OBP 情形},\\[1ex]\arg\max\limits_{y \in S(x)} F(\boldsymbol{x}, \boldsymbol{y}),\ \text{PBP 情形}.\end{cases}\end{cases} \tag{4.27}$$

4.3.2　双层规划模型的算法

相比一般的非线性规划，双层规划的数值求解要复杂很多. 由于模型中的分层结构，导致即使在上层和下层问题都是线性问题的简单情况下，整个双层模型也通常是非凸的，要求解是 NP 难的. 如果对于给定的上层变量 x，下层问题的解集 $S(x)$ 不是单点集，计算会更为困难.

早期的算法一般基于随机搜索等无梯度算法去求解[9]，但这类算法一般只能求解小规模问题($n < 20$). 当问题规模增加时，搜索空间爆炸式增加导致计算量剧增.

如果从传统的数值优化角度来考虑，求解双层规划的一般策略是将模型转化为单层问题求解. 具体来说，大致分成三种方法：第一种称为 KKT 转化方法，该方法要求下层问题凸且满足内部非空的 Slater 约束规格. 当下层问题满足条件时，下层问题的 KKT 最优性条件可以代替下层问题，原双层问题可转化为带均衡约束的数学规划问题(Mathematical Programming with Equilibrium Constraints, MPEC)进行求解[28]；第二种方法是利用下层问题的最优值函数将双层优化问题转化为单层问题[162]；第三种方法是结合 KKT 转化和下层最优值函数给出新的最优性条件，并建立算法[153]. 这些算法一般需要引入辅助变量，当下层问题的约束较多时，辅助变量的个数会比较多，并且相关的转化都需要下层子问题强凸或局部强凸等假设来简化模型，对一些复杂的实际问题难以满足.

目前，对机器学习的双层规划模型，比较常见的是采用分层方式来计算，先计算下层目标函数的梯度，然后基于下层的梯度，通过显式或隐式方式，对上层问题进行反向或正向梯度计算. 相关计算可以简要阐述如下：

假设下层问题解唯一(Lower-Level Singleton, LLS)，在该假设下，原双层模型可以简写为如下单层模型：

$$\begin{aligned}&\min_{\boldsymbol{x}\in\Omega}\phi(\boldsymbol{x}) = F(\boldsymbol{x}, \boldsymbol{y}^*(\boldsymbol{x})),\\ &\text{s.t.}\quad \boldsymbol{y}^*(\boldsymbol{x}) = \arg\min_{\boldsymbol{y}\in Y(\boldsymbol{x})} f(\boldsymbol{x}, \boldsymbol{y}).\end{aligned}\tag{4.28}$$

此时，基于复合函数链式求导法则，$\phi(x)$ 的梯度可以计算如下：

$$\nabla\phi(\boldsymbol{x}) = \nabla \boldsymbol{x} F(\boldsymbol{x}, \boldsymbol{y}^*(\boldsymbol{x})) + \left(\frac{\partial \boldsymbol{y}^*(\boldsymbol{x})}{\partial \boldsymbol{x}}\right)^{\mathrm{T}} \nabla \boldsymbol{y} F(\boldsymbol{x}, \boldsymbol{y}^*(\boldsymbol{x})).\tag{4.29}$$

在式(4.29) 中，最为困难的是$\dfrac{\partial \boldsymbol{y}^*(\boldsymbol{x})}{\partial \boldsymbol{x}}$的计算. 目前一般有两种方式来进行. 一种是显式计算策略. 显式计算在具体实际计算时，根据上层变量 $\boldsymbol{x}$ 对下层迭代变量 $\boldsymbol{y}_k$ 的影响关系，

有三种常见的计算策略：基于前向模式或反向模式的自动微分递归计算策略、基于初始化的显式迭代计算策略和基于局部近似的邻近显式计算策略. 这里，我们仅简单介绍自动微分递归计算策略的思路，具体细节及其他策略的更多介绍见综述文献[95].

自动微分递归计算一般都是通过迭代 K 次求得 $\boldsymbol{y}^*(\boldsymbol{x})$ 的近似值 $\boldsymbol{y}_K(\boldsymbol{x})$，此时上层近似目标函数为 $\phi_K(\boldsymbol{x})=F(\boldsymbol{x},\boldsymbol{y}_K(\boldsymbol{x}))$. 上层变量 $\boldsymbol{x}$ 的更新基于如下方式的梯度计算进行：

$$\nabla\phi_K(\boldsymbol{x})=\nabla\boldsymbol{x}F(\boldsymbol{x},\boldsymbol{y}_K(\boldsymbol{x}))+\left(\frac{\partial\boldsymbol{y}_K(\boldsymbol{x})}{\partial\boldsymbol{x}}\right)^{\mathrm{T}}\nabla\boldsymbol{y}F(\boldsymbol{x},\boldsymbol{y}_K(\boldsymbol{x})). \tag{4.30}$$

这里，$\dfrac{\partial\boldsymbol{y}_K(\boldsymbol{x})}{\partial\boldsymbol{x}}$ 通过如下迭代格式计算 K 次得到：

$$\frac{\partial\boldsymbol{y}_K(\boldsymbol{x})}{\partial\boldsymbol{x}}=\left(\frac{\partial\boldsymbol{y}_{k-1}(\boldsymbol{x})}{\partial\boldsymbol{x}}\right)^{\mathrm{T}}\frac{\partial\psi(\boldsymbol{x},\boldsymbol{y}_{k-1}(\boldsymbol{x}))}{\partial\boldsymbol{y}}+\frac{\partial\psi(\boldsymbol{x},\boldsymbol{y}_{k-1}(\boldsymbol{x}))}{\partial\boldsymbol{x}},\quad k=1,\cdots,K, \tag{4.31}$$

这里，$\boldsymbol{y}_k(\boldsymbol{x})=\psi(\boldsymbol{x},\boldsymbol{y}_{k-1})$，$k=1,\cdots,K$，表示下层优化问题的一个迭代格式. 比如，可以取成基于梯度下降的迭代格式，即 $\psi(\boldsymbol{x},\boldsymbol{y}_{k-1})=\boldsymbol{y}_{k-1}-\eta_k\partial f(\boldsymbol{x},\boldsymbol{y}_{k-1})/\partial\boldsymbol{y}_{k-1}$，$k=1,\cdots,K$. 在下层问题凸且解唯一的假设下，当迭代次数 K 充分大时，可以得出显式计算的可行性.

另一种策略是基于隐函数定理给出的隐式计算策略. 在下层解唯一的假设条件下，当解 $\boldsymbol{y}^*(\boldsymbol{x})$ 是关于 $\boldsymbol{x}$ 的可微函数时，如果下层的目标函数 $f(\boldsymbol{x},\boldsymbol{y})$ 是二次可微，且关于 $\boldsymbol{y}$ 的二阶 Hessian 阵是可逆的，则对下层的最优性条件 $\dfrac{\partial f(\boldsymbol{x},\boldsymbol{y}^*(\boldsymbol{x}))}{\partial\boldsymbol{y}}=0$ 用隐函数定理，可得

$$\frac{\partial^2 f(\boldsymbol{x},\boldsymbol{y}^*(\boldsymbol{x}))}{\partial\boldsymbol{y}^2}\frac{\partial\boldsymbol{y}^*(\boldsymbol{x})}{\partial\boldsymbol{x}}=-\frac{\partial^2 f(\boldsymbol{x},\boldsymbol{y}^*(\boldsymbol{x}))}{\partial\boldsymbol{y}\partial\boldsymbol{x}},$$

即

$$\frac{\partial^2\boldsymbol{y}^*(\boldsymbol{x})}{\partial\boldsymbol{x}}=-\left(\frac{\partial^2 f(\boldsymbol{x},\boldsymbol{y}^*(\boldsymbol{x}))}{\partial\boldsymbol{y}^2}\right)^{-1}\frac{\partial^2 f(\boldsymbol{x},\boldsymbol{y}^*(\boldsymbol{x}))}{\partial\boldsymbol{y}\partial\boldsymbol{x}}.$$

综上，不管是显式还是隐式计算，都需要对底层问题要求很强的解唯一和凸性假设，在隐式计算中，还需要二阶 Hessian 连续的假设，且涉及 Hessian 矩阵的求逆，计算量较大.

近年来，很多学者致力于在更弱条件下对双层规划构建可行算法，比较有代表性的是大连理工大学刘日升团队的一系列工作. 本节仅以他们对乐观双层规划提出的双层下降聚合算法(Bi-level Descent Aggregation，BDA) 为例，简要介绍算法的大致框架. 具体的细节和收敛性可以参考综述文献及相关文献.

考虑乐观双层规划模型

$$\min_{\boldsymbol{x}\in\Omega}\phi(\boldsymbol{x})=\min_{\boldsymbol{y}\in S(\boldsymbol{x})}F(\boldsymbol{x},\boldsymbol{y}), \tag{4.32}$$

对任意给定的 $\boldsymbol{x}$, $\phi(\boldsymbol{x})$ 实际上是如下关于下层变量 $\boldsymbol{y}$ 的双层优化问题的值函数, 即

$$\min_{\boldsymbol{y}\in S(\boldsymbol{x})} F(\boldsymbol{x},\boldsymbol{y}). \tag{4.33}$$

可以构造迭代格式(4.34) 来求解(4.33):

$$\boldsymbol{y}_{k+1}=\boldsymbol{A}_{k+1}(\boldsymbol{x},\ \boldsymbol{y}_k(\boldsymbol{x})),\ k=0,\ 1,\ \cdots,\ K-1, \tag{4.34}$$

其中, $\boldsymbol{A}_k(\boldsymbol{x},\ \cdot)$ 表示某一个具体的算法迭代格式. 因为迭代格式 $\boldsymbol{A}_k$ 跟上下层的目标函数都有关系, 一般地, 迭代格式都是基于上下两个子问题的下降信息给出. 对于给定的 $\boldsymbol{x}$, $\boldsymbol{A}_k$ 一般写成一阶下降形式:

$$\boldsymbol{A}_{k+1}(\boldsymbol{x},\ \boldsymbol{y}_k(\boldsymbol{x}))=\boldsymbol{y}_k-(\alpha_k d_k^F(\boldsymbol{x})+(1-\alpha_k)d_k^f(\boldsymbol{x})),$$

这里, $\alpha_k\in(0,\ 1)$, $d_k^F(\boldsymbol{x})=s_u\nabla \boldsymbol{y}F(\boldsymbol{x},\ \boldsymbol{y}_k)$, $d_k^f(\boldsymbol{x})=s_l\nabla \boldsymbol{y}f(\boldsymbol{x},\ \boldsymbol{y}_k)$ 分别表示上下层的下降方向, s_u, $s_l>0$, 是给定的步长.

对给定的上层迭代点 $\boldsymbol{x}_l$, 取初值 $\boldsymbol{y}_0(\boldsymbol{x})=\boldsymbol{A}_0(\boldsymbol{x}_l)$, $\boldsymbol{y}_K(\boldsymbol{x}_l)$ 表示用(4.34) 迭代 K 次后的输出. 然后, 可以将 $\boldsymbol{y}_K(\boldsymbol{x}_l)$ 代入 $\phi_K(\boldsymbol{x})=F(\boldsymbol{x},\ \boldsymbol{y}_K(\boldsymbol{x}_l))$, 并求 $\min\limits_{\boldsymbol{x}\in\Omega}\phi_K(\boldsymbol{x})$, 得新的近似解点 $\boldsymbol{x}_{l+1}$. 重复这一过程, 即可通过一系列标准单层优化方法来求得原双层优化的近似解.

4.3.3　机器学习超参数优化的双层规划模型

随着机器学习技术的不断发展和学习任务的日益复杂多样, 很多学习任务最终可以建模成复杂的双层规划模型. 文献[95] 综述了机器学习中的超参数优化、多任务和元学习、网络架构搜索、生成对抗学习、深度强化学习等问题的双层优化模型及具体数值求解, 并创建了包含各种双层优化算法的统一函数库, 本书仅以超参数优化的双层规划为例, 简要概述前向及反向显式梯度计算方法在双层规划模型中的求解, 更多的细节参考文献[5][42][95].

大多数的学习任务可以转化为一个以学习模型参数(比如神经网络的权重) 为决策变量的最优化问题. 要确定该最优化模型并实现数值求解, 不可避免地需要用到超参数(如正则化系数、神经网络的层数和神经元的数量、激活函数的参数、优化方法的步长也即学习率等).

这些超参数对学习模型最终的性能有很大的影响. 在实际应用中, 如何选择合适的超参数, 即超参数调优, 是学习任务中的一个重要步骤. 目前, 机器学习的超参数调优, 一般有手动调优、网格搜索、随机搜索、贝叶斯优化、基于梯度的双层规划优化、进化算法等. 这里, 我们仅以神经网络的学习任务为例, 介绍基于梯度的双层规划的超参数优化方法.

记 L_{tr}, L_{val} 分别代表训练数据和交叉验证数据上的正则损失函数, 神经网络的超参数

调优可以写成如下双层规划：

$$\begin{aligned} &\min_{\boldsymbol{\lambda}} \quad L_{\mathrm{val}}(\boldsymbol{\omega}^{*}, \boldsymbol{\lambda}) \\ &\text{s.t.} \quad \boldsymbol{\omega}^{*} = \arg\min_{\boldsymbol{\omega}} L_{\mathrm{tr}}(\boldsymbol{\omega}, \boldsymbol{\lambda}^{*}), \end{aligned} \tag{4.35}$$

这里，$\boldsymbol{\omega}$ 为模型最终要确定的网络的权重参数，$\boldsymbol{\lambda}$ 为网络层数、底层问题求解算法的步长参数(学习率) 等超参数的集合. 不妨记底层模型 $\boldsymbol{\omega}^{*} = \arg\min_{\boldsymbol{\omega}} L_{\mathrm{tr}}(\boldsymbol{\omega}, \boldsymbol{\lambda}^{*})$ 的求解算法的迭代格式为 $\boldsymbol{\omega}_k = \Phi_k(\boldsymbol{\omega}_{k-1}, \boldsymbol{\lambda})$，$k = 1, \cdots, K$，则模型(4.35) 可以写成如下形式：

$$\begin{aligned} &\min_{\boldsymbol{\lambda}, \boldsymbol{\omega}_1, \cdots, \boldsymbol{\omega}_K} \quad L_{\mathrm{val}}(\boldsymbol{\omega}_K(\boldsymbol{\lambda})) \\ &\text{s.t.} \quad \boldsymbol{\omega}_k = \Phi_k(\boldsymbol{\omega}_{k-1}, \boldsymbol{\lambda}), \ k = 1, \cdots, K, \end{aligned} \tag{4.36}$$

可以基于前向或反向的梯度计算模式来构建基于梯度的下降算法求解模型(4.36)，下面仅简单列出两种计算模式的基本框架，更多细节参考[5][42][95] 等文献.

1. 前向梯度的计算框架

前向梯度的计算模式基于复合函数求导的链式法则直接计算模型(4.36) 的目标函数的梯度，即

$$\nabla_{\boldsymbol{\lambda}} L_{\mathrm{val}}(\boldsymbol{\omega}_K(\boldsymbol{\lambda})) = \nabla_{\boldsymbol{\omega}_K} L_{\mathrm{val}}(\boldsymbol{\omega}_K(\boldsymbol{\lambda})) \frac{\mathrm{d}\omega_K}{\mathrm{d}\boldsymbol{\lambda}}, \tag{4.37}$$

这里，$\frac{\mathrm{d}\boldsymbol{\omega}_K}{\mathrm{d}\boldsymbol{\lambda}}$ 为 $\boldsymbol{\omega}_K \in \mathbb{R}^n$(看成行向量) 关于 $\boldsymbol{\lambda} \in \mathbb{R}^m$ 的偏导数组成的 $n \times m$ 的 Jacobi 矩阵.

由 $\boldsymbol{\omega}_k = \Phi_k(\boldsymbol{\omega}_{k-1}, \boldsymbol{\lambda})$，$k = 1, \cdots, K$，有

$$\frac{\mathrm{d}\boldsymbol{\omega}_k}{\mathrm{d}\boldsymbol{\lambda}} = \frac{\partial \Phi_k(\boldsymbol{\omega}_{k-1}, \boldsymbol{\lambda})}{\partial \boldsymbol{\omega}_{k-1}} \frac{\mathrm{d}\boldsymbol{\omega}_{k-1}}{\mathrm{d}\boldsymbol{\lambda}} + \frac{\partial \Phi_k(\boldsymbol{\omega}_{k-1}, \boldsymbol{\lambda})}{\partial \boldsymbol{\lambda}}, \tag{4.38}$$

记 $\boldsymbol{Z}_k = \frac{\mathrm{d}\boldsymbol{\omega}_k}{\mathrm{d}\boldsymbol{\lambda}}$，$\Phi_k(\boldsymbol{\omega}_{k-1}, \boldsymbol{\lambda})$ 关于 $\boldsymbol{\omega}_{k-1}$ 和 $\boldsymbol{\lambda}$ 的偏导数分别为

$$\boldsymbol{A}_k = \frac{\partial \Phi_k(\boldsymbol{\omega}_{k-1}, \boldsymbol{\lambda})}{\partial \boldsymbol{\omega}_{k-1}}, \ \boldsymbol{B}_k = \frac{\partial \Phi_k(\boldsymbol{\omega}_{k-1}, \boldsymbol{\lambda})}{\partial \boldsymbol{\lambda}},$$

则有递归公式

$$\boldsymbol{Z}_k = \boldsymbol{A}_k \boldsymbol{Z}_{k-1} + \boldsymbol{B}_k, \ k \in \{1, \cdots, K\}. \tag{4.39}$$

利用(4.39)，可以有

$$\begin{aligned} \nabla_{\boldsymbol{\lambda}} L_{\mathrm{val}}(\boldsymbol{\omega}_K(\boldsymbol{\lambda})) &= \nabla_{\boldsymbol{\omega}_K} L_{\mathrm{val}}(\boldsymbol{\omega}_K(\boldsymbol{\lambda})) \boldsymbol{Z}_K \\ &= \nabla_{\boldsymbol{\omega}_K} L_{\mathrm{val}}(\boldsymbol{\omega}_K(\boldsymbol{\lambda}))(\boldsymbol{A}_K \boldsymbol{Z}_{K-1} + \boldsymbol{Z}_K) \end{aligned}$$

$$\cdots\cdots \tag{4.40}$$

$$= \nabla \boldsymbol{\omega}_K L_{\text{val}}(\boldsymbol{\omega}_K(\boldsymbol{\lambda})) \sum_{k=1}^{K} \left(\prod_{s=k+1}^{K} \boldsymbol{A}_s \right) \boldsymbol{B}_k.$$

基于(4.40) 的前向梯度计算框架可如下所示：

算法 4.3.1

步 0：当前的超参数 $\boldsymbol{\lambda}$，初始网络权重 $\boldsymbol{\omega}_0$；

步 1：$\boldsymbol{Z}_0 = 0$，对 $k = 1, \cdots, K$，执行

$$\boldsymbol{\omega}_k = \Phi_k(\boldsymbol{\omega}_{k-1}, \boldsymbol{\lambda}),\ \boldsymbol{Z}_k = \boldsymbol{A}_k \boldsymbol{Z}_{k-1} + \boldsymbol{B}_k;$$

步 2：输出 $\nabla_{\boldsymbol{\omega}_K} L_{\text{val}}(\boldsymbol{\omega}_K(\boldsymbol{\lambda}))\boldsymbol{Z}_K$ 即为所求的交叉验证数据上的正则损失函数的梯度.

2. 反向梯度计算框架

记模型(4.36) 的 Lagrange 函数为：

$$L(\boldsymbol{\omega}_1, \cdots, \boldsymbol{\omega}_K, \boldsymbol{\lambda}, \boldsymbol{\alpha}) = L_{\text{val}}(\boldsymbol{\omega}_K(\boldsymbol{\lambda}) + \sum_{k=1}^{K} \boldsymbol{\alpha}_k(\Phi_k(\boldsymbol{\omega}_{k-1}, \boldsymbol{\lambda}) - \boldsymbol{\omega}_k),$$

则模型(4.36) 的最优性条件为

$$\begin{cases} \dfrac{\partial L}{\partial \boldsymbol{\alpha}_k} = \Phi_k(\boldsymbol{\omega}_{k-1}, \boldsymbol{\lambda}) - \boldsymbol{\omega}_k = 0, \\ \dfrac{\partial L}{\partial \boldsymbol{\omega}_k} = \boldsymbol{\alpha}_{k+1}\boldsymbol{A}_{k+1} - \boldsymbol{\alpha}_k = 0,\ k = 1, \cdots, K-1, \\ \dfrac{\partial L}{\partial \boldsymbol{\alpha}_K} = \nabla L_{\text{val}}(\boldsymbol{\omega}_K(\boldsymbol{\lambda})) - \alpha_K = 0, \\ \dfrac{\partial L}{\partial \boldsymbol{\lambda}} = \sum_{k=1}^{K} \boldsymbol{\alpha}_k \boldsymbol{B}_k = 0, \end{cases} \tag{4.41}$$

由(4.41) 有

$$\frac{\partial L}{\partial \boldsymbol{\lambda}} = \nabla L_{\text{val}}(\boldsymbol{\omega}_K(\boldsymbol{\lambda})) \sum_{k=1}^{K} \left(\prod_{s=k+1}^{K} \boldsymbol{A}_s \right) \boldsymbol{B}_k, \tag{4.42}$$

$$\boldsymbol{\alpha}_k = \begin{cases} \nabla L_{\text{val}}(\boldsymbol{\omega}_K(\boldsymbol{\lambda})), & k = K \\ \nabla L_{\text{val}}(\boldsymbol{\omega}_K(\boldsymbol{\lambda}))\boldsymbol{A}_K \cdots \boldsymbol{A}_{k+1}, & k \in \{1, \cdots, K-1\} \end{cases} \tag{4.43}$$

(4.42) 与(4.40) 完全一致，基于反向模式的梯度计算思路如下框架所示：

算法 4.3.2

步 0：当前的超参数 $\boldsymbol{\lambda}$，初始网络权重 $\boldsymbol{\omega}_0$；

步 1：执行 $\boldsymbol{\omega}_k = \Phi_k(\boldsymbol{\omega}_{k-1}, \boldsymbol{\lambda})$，$k = 1, \cdots, K$；

步 2：$\boldsymbol{g}=\boldsymbol{0}$，$\boldsymbol{\alpha}_K=\nabla L_{\mathrm{val}}(\boldsymbol{\omega}_K(\boldsymbol{\lambda}))$，对 $k=K-1, K-2, \cdots, 1$，执行如下步骤：

$$\boldsymbol{g}=\boldsymbol{g}+\boldsymbol{\alpha}_{k+1}\boldsymbol{B}_{k+1},\ \boldsymbol{\alpha}_k=\boldsymbol{\alpha}_{k+1}\boldsymbol{A}_{k+1};$$

步 3：输出 $\boldsymbol{g}$ 即为所求梯度.

本书主要介绍了机器学习中的常规无约束和约束优化模型的一阶及二阶算法，并介绍了机器学习领域有着广泛应用的特殊形式的 DC 规划、Minimax 规划以及双层规划优化模型及其求解算法. 除了本书介绍的算法之外，机器学习的优化模型中还有一些其他算法，比如：沿坐标下降方向进行搜索的坐标下降算法(Coordinate Descent Algorithm) 及块坐标下降算法(Block Coordinate Descent Algorithm)[12]、源于求解非线性系统的全局收敛的同伦算法[56][130][147]、避开繁琐的梯度或二阶 Hesse 阵计算的零阶优化算法[8][119]、基于分数阶微积分给出的分数阶优化算法[24][142][125]等. 由于编者水平及精力有限，本书没有再做阐述，有兴趣的读者可以参考相关文献.

参考文献

[1]AHN M, PAND J-S, XIN J. Difference-of-convex learning: directional stationarity, optimality and sparsity[J]. SIAM Journal on Optimization, 2017, 27(3): 1637-1665.

[2]ARTACHO F J A, VUONG P T. The boosted DC algorithm for nonsmooth functions[Z/OL]. 2017, arXiv: 1812.06070.

[3]ATTOUCH H, PEYPOUQUET J, REDONT P. A dynamical approach to an inertial forward backward algorithm for convex minimization[J]. SIAM Journal on Optimization, 2014, 24(1): 232-256.

[4]BAI J C, LI J, et al. Generalized symmetric ADMM for separable convex optimization[J]. Computational Optimization and Applications, 2018, 70(1): 129-170.

[5]BAYDIN A G, PEARLMUTTER B A, et al. Automatic differentiation in machine learning: a survey[J]. Journal of Machine Learning Research, 2017, 18(1): 5595-5637.

[6]BECK A, TEBOULLE M. A fast iterative shrinkage thresholding algorithm for linear inverse problems[J]. SIAM Journal on Imaging Sciences, 2009, 2(1): 183-202.

[7]BESON H Y, SHANNO D F. Interior-point method for nonconvex nonlinear programming: cubic regularization[J]. Computational Optimization and Applications, 2014, 58: 323-346.

[8]BERAHAS A, CAO L Y, et al. A theoretical and empirical comparison of gradient approximations in derivative-free optimization[J]. Foundations of Computational Mathematics, 2022, 22: 507-560.

[9]BERGSTRA J, BENGIO Y. Random search for hyper-parameter optimization[J]. Journal of Machine Learning Research, 2012, 13(1): 281-305.

[10]BOMZE I M, RINALDI F, ZEFFIRO D. Frank-Wolfe and friends: a journey into projection-free first-order optimization methods[J]. 4OR: Quarterly Journal of the Belgian, French and Italian Operations Research Societies, 2021, 19: 313-345.

[11]BOTTOU L. Stochastic gradient descent tricks[G/OL]. Neural Networks: Tricks of the

Trade, Springer, 2012, 7700: 421-436.

[12] BOTTOU L, CURITS F E, Nocedal J. Optimization methods for large-scale machine learning[J]. SIAM Review, 2018, 60(2): 223-311.

[13] BOYD S, PARIKH N, et al. Distributed optimization and statistical learning via the alternating direction method of multipliers[G/OL]. Foundations and Trends in Machine Learning, 2011, 3(1): 1-122.

[14] BRACKEN J, MCGILL J T. Mathematical programs with optimization problems in the constraints[J]. Operations Research, 1973, 21: 37-44.

[15] BROOKS J P. Support vector machines with the Ramp loss and the hard margin loss[J]. Operations Research, 2011, 59(2): 467-479.

[16] BURKE J V. Constraint qualifications for nonlinear programming[R/OL]. Numerical Optimization Course Notes, AMath/Math 516, University of Washington, Spring Term, 2012.

[17] BYRD R H, CHIN G M, et al. On the use of stochastic Hessian information in optimization methods for machine learning[J]. SIAM Journal on Optimization, 2011, 21(3): 977-995.

[18] CHANG X, LIU S, et al. A generalization of linearized alternating direction method of multipliers for solving two-block separable convex programming [J]. Journal of Computational and Applied Mathematics, 2019, 357: 251-272.

[19] CHEN X, KIM S, et al. Graph-structured multi-task regression and an efficient optimization method for general fused lass[Z/OL]. 2010, arXiv: 1005.3579.

[20] CHEN C H, SHEN Y, et al. On the convergence analysis of the alternating direction method of multipliers with three blocks[J]. Abstract and Applied Analysis, 2013, 2013(r-2): 1-13.

[21] CHEN C H, CHAN R H, et al. Inertial proximal ADMM for linearly constrained separable convex optimization[J]. SIAM Journal on Imaging Sciences, 2015, 8(4): 2239-2247.

[22] CHEN C H, He H S, et al. The direct extension of admm for multi-block convex minimization problem is not necessarily convergent[J]. Mathematical Programming, 2016, 155(1): 57-79.

[23] CHEN L, SUN D, et al. An efficient inexact symmetric Gauss-Seidel based majorized ADMM for high-dimensional convex composite conic programming[J]. Mathematical Programming, 2017, 161(1): 237-270.

[24] CHEN Y Q, GAO Q, et al. Study on fractional order gradient methods[J]. Applied Mathematics and Computation, 2017, 314: 310-321.

[25] CHEN H, Guo C Y, et al. Sparse additive machine with ramp loss[J]. Analysis and Applications, 2021, 19(3): 509-528.

[26] CLARKE F H. Optimization and Nonsmooth Analysis(2nd edition)[M]. Classics Applied Mathematics, SIAM, Philadelphia, P.A., 1990.

[27] COLLOBERT R, SINZ F, et al. Large scale transductive SVMs[J]. Journal of Machine Learning Research, 2006, 7: 1687-1712.

[28] COLSON B, MARCOTTER P, SAVARD G. An overview of bilevel optimization[J]. Annals of Operations Research, 2007, 153: 235-256.

[29] DAI Y H, ZHANG L W. Optimality conditions for constrained minimax optimization[P/OL]. CSIAM Transactions on Applied Mathematics, 2020, 1: 296-315.

[30] DASKALAKIS C, PANAGEAS I. The limit points of (optimistic) gradient descent in min-max optimization [C]. 32nd Conference on Neural Information Processing Systems, December 2nd-8th, Montréal, Canada, 2018, 9256-9266.

[31] DEFAZIO A. A simple practical accelerated method for finite sums[C]. 30th Conference on Neural Information Processing Systems, December 5th-10th, Barcelona, Spain, 2016, 676-684.

[32] DEFAZIO A, BACH F, LACOSTEJULIEN S. SAGA: A fast incremental gradient method with support for non-strongly convex composite objectives[C]. 28th Conference on Neural Information Processing Systems, December 8th-13th, Montréal, Canada, 2014, 1646-16544.

[33] DEMPE S. Bilevel Programming Problems: Theory, Algorithms and Applications to Energy Networks[M]. Springer Publishing Company, Incorporated, 2015.

[34] DENG W, LIN W T. On the global linear convergence of the generalized alternating direction method of multipliers[J]. Journal of Scientific Computing, 2016, 66(3): 889-916.

[35] DEVOLDER O, GLINEUR F, NESTEROV Y. First-order methods of smooth convex optimization with inexact oracle[J]. Mathematical Programming, 2014, 146: 37-75.

[36] DIKIN I. Iterative solution of problems of linear and quadratic programming[J]. Soviet Mathematics Doklady, 1967, 8: 674-675.

[37] DOUGLAS J, RACHFORD H H. On the numerical solution of heat conduction problems in two and three space variables[J]. Transactions of the American Mathematical Society, 1956, 82(2): 421-439.

[38] DUNN J C. Conditional gradient algorithms with open loop step size rules[J]. Journal of Mathematical Analysis and Applications, 1978, 62: 432-444.

[39] ECKSTEIN J, BERTSEKAS D. On the Douglas-Rachford splitting method and the proximal point algorithm for maximal monotone operators[J]. Mathematical Programming, 1992, 55(1-3): 293-318.

[40] ECKSTEIN J. Some saddle-function splitting methods for convex programming[J]. Optimization Methods and Software, 1992, 4: 75-83.

[41] FERRIS M C, MUNSON T S. Interior point methods for massive support vector machines[J]. SIAM Journal on Optimization, 2002, 13(3): 783-804.

[42] FRANCESCHI L, DONINI M, et al. Forward and reverse gradient-based hyperparameter optimization[C]. 34th International Conference on Machine Learning, Sydney, Australia, 2017, 1165-1173.

[43] FRANK M, WOLFE P. An algorithm for quadratic programming[J]. Naval Research Logistics, 1956, 3(1-2): 95-110.

[44] FRISCH R. Principles of linear programming, with particular reference to the double gradient form of the logarithmic potential method[R]. University of Oslo, 1954.

[45] GABAY D, MERCIER B. A dual algorithm for the solution of nonlinear variational problems via finite element approximation[J]. Computers and Mathematics with Applications, 1976, 2(1): 17-40.

[46] GABAY D. Chapter IX applications of the method of multipliers to variational inequalities[J]. Studies in Mathematics and Its Applications, 1983, 15: 299-331.

[47] 冈萨雷斯.数字图像处理[M]. 阮宇智，译. 北京:北京电子工业出版社,2007.

[48] GARBER D, HAZAN. Faster rates for the Frank-Wolfe method over strongly convex sets[C]. 32nd International Conference on Machine Learning, Lille, France, 2015, 541-549.

[49] GAY D M, OVERTON M L, WRIGHT M H. A primal-dual interior method for nonconvex nonlinear programming[G]. Advances in Nonlinear Programming, 1998, 14: 31-56.

[50] GHADIMI E, FEYZMAHDACIAN H R, JOHANSSON M. Global convergence of the heavy-

ball method for convex optimization[C]. 2015 European Control Conference (ECC), Linz, Austria, 2015, 310-315.

[51] GLOWINSKI R. Numerical methods for nonlinear variational problems[M]. New York, Berlin, Heidelberg, Tokyo: Springer-Verlag, 1984.

[52] GLOWINSKI R, MARROCCO A. Sur läpproximation, paréléments finis dördre un, et laérsolution, par pénalisation-dualité düne classe de problémes de Dirichlet non linéaires [J]. Revue Francaise Däutomatique, Informatique, Recherche Opérationnelle, 1975, 9: 41-76.

[53] GOLDSTEIN T, O'Donoghue B, et al. Fast alternating direction optimization methods[J]. SIAM Journal on Imaging Sciences, 2014, 7(3): 1588-1623.

[54] GONCALVES M L N, MELO J G, MONTEIRO R D C. Convergence rate bounds for a proximal ADMM with over-relaxation stepsize parameter for solving nonconvex linearly constrained problems[J]. Pacific Journal of Optimization, 2019, 15(3): 379-298.

[55] GRIMMER B, LU H H, et al. The landscape of the proximal point method for nonconvex-nonconcave minimax optimization[J]. Mathematical Programming, 2023, doi: 10.1007/s10107-022-01910-8.

[56] GUHA E K, NDIAYE E, HUO X M. Conformation of sparse generalized linear models [OL]. 2023, arXiv: 2307.05109.

[57] 郭杰,万中. 求解大规模极大极小问题的光滑化三项共轭梯度算法[J]. 计算数学, 2022, 44(3):324-338.

[58] HAGER W W, ZHANG H. Inexact alternating direction methods of multipliers for separable convex optimization[J]. Computational Optimization and Applications, 2019, 73: 201-235.

[59] HAZAN E, KALE S. Beyond the regret minimization barrier: optimal algorithms for stochastic strongly-convex optimization[J]. Journal of Machine Learning Research, 2014, 15(1): 2489-2512.

[60] HE B S, YUAN X M. On the acceleration of augmented Lagrangian method for linearly constrained optimization[Z/OL]. https://optimization-online.org/? p=11288.

[61] HE B S, YUAN X M. On the O(1/n) convergence rate of the Douglas-Rachford alternating direction method[J]. Journal of Numerical Analysis, 2012, 50(2): 700-709.

[62] HE B S, TAO M, YUAN X M. Alternating direction method with gaussian back substitution for separable convex programming[J]. SIAM Journal on Optimization, 2012, 22(2):

313-340.

[63]HE B S, LIU H, et al. A strictly contractive Peacemann-Rachford splitting method for convex programming[J]. SIAM Journal on Optimization, 2014, 24(3): 1011-1040.

[64]HE B S, YUAN X M. On non-ergodic convergence rate of Douglas-Rachford alternating direction method of multipliers[J]. Numerical Mathematics, 2015, 130(3): 567-577.

[65]HE B S, MA F, YUAN X M. Convergence study on the symmetric version of ADMM with larger step sizes[J]. SIAM Journal of Imaging Science, 2016, 9(3): 1467-1501.

[66]HOAI L T, TAO P D. The DC (Difference of convex functions) programming and DCA revisited with DC models of real world nonconvex optimization problems[J]. Annals of Operations Research, 2005, 133: 23-46.

[67]HOAI L T, TAO P D. DC programming and DCA: thirty years of developments[J]. Mathematical Programming (Ser. B), 2018, 169: 5-68.

[68]HOAI L T, TAO P D. Open issues and recent advances in DC programming and DCA[J]. Journal of Global Optimization, 2023, doi:10.1007/s10898-023-01272-1.

[69]HONG M Y, LUO Z Q, RAZAVIVAVN M. Convergence analysis of alternating direction method of multipliers for a family of nonconvex problem[J]. SIAM Journal on Optimization, 2016, 26(1): 337-364.

[70]HONG M Y. A distributed asynchronous and incremental algorithm for nonconvex optimization: an ADMM approach[J]. IEEE Transactions on Control of Network Systems, 2018, 5(3): 935-945.

[71]HORST R, THOAI N V. DC programming: overview[J]. Journal of Optimization Theory and Applications, 1999, 103(1): 1-43.

[72]HU C H, KWOK J T, PAN W K. Accelerated gradient methods for stochastic optimization and online learning[C]. 23rd Conference on Neural Information Processing Systems, Vancouver, Canada, 2009, 781-789.

[73]黄正海,苗新河. 最优化计算方法[M]. 北京: 科学出版社, 2015.

[74]HUANG X L, SHI L, SUYKENS J A K. Ramp loss linear programming support vector machine[J]. Journal of Machine Learning. Research, 2014, 15: 2185-2211.

[75]JACOB L, OBOZINSKI G, VERT J-P. Group lasso with overlap and graph lasso[C]. 26th International Conference of Machine Learning, Montreal, Canda, 2009, 433-440.

[76]JAGGI M. Revisiting Frank-Wolfe: Projection-free sparse convex optimization[C]. 30th

International Conference of Machine Learning, Atlanta, USA, 2013, 427-435.

[77] JIA Z H, GAO X, et al. Local linear convergence of the alternating direction method of multipliers for nonconvex separable optimization problems [J]. Journal of Optimization Theory and Applications, 2021, 188: 1-25.

[78] JIANG J, CHEN X J. Optimality conditions for nonsmooth nonconvex-nonconcave min-max problems and generative adversarial networks [Z/OL]. https://arxiv. org/pdf/2203. 10914.pdf.

[79] JIN C, NETRAPALLI P, JORDAN M. Minimax optimization: Stable limit points of gradient descent ascent are locally optimal[Z/OL]. 2020, arXiv: 1902.00618.

[80] JIN C, NETRAPALLI P, JORDAN M. What is local optimality in nonconvex-nonconcave minimax optimization? [C]. 37th International Conference on Machine Learning, Virtual Event, 2020, 4880-4889.

[81] JOHNSON R, ZHANG T. Accelerating stochastic gradient descent using predictive variance reduction[C]. 27th Conference on Neural Information Processing Systems, Lake Tahoe, 2013, 315-323.

[82] KARMARKAR N. A new polynomial-time algorithm for linear programming [J]. Combinatorica, 1984, 4-4: 302-311.

[83] KARIMI H, NUTINI J, SCHMIDT M. Linear convergence of gradient and proximal-gradient methods under the Polyak-Lojasiewicz condition[C/OL]. European Conference on Machine Learning and Principles and Practice of Knowledge Discovery in Databases arXiv, 2016.

[84] KONECNY J, RICHTARIK RP. Semi-stochastic gradient descent methods[J/OL]. Frontiers in Applied Mathematics & Statistics, 2017, 3: 9-28.

[85] LAN G H. First-order and stochastic optimization methods for machine learning [M]. Springer Nature Switzerland AG, 2020.

[86] LAN G H, ZHOU Y. Conditional gradient sliding for convex optimization[J]. SIAM Journal on Optimization, 2016, 26(2): 1379-1409.

[87] LANGFORD J, LI L, ZHANG T. Sparse online learning via truncated gradient[J]. Journal of Mahine Learning. Research, 2009, 10: 777-801.

[88] LEE J D, SUN Y K, SAUNDERS M A. Proximal Newton-type methods for minimizing composite functions[J]. SIAM Journal on Optimization, 2014, 24(3): 1420-1443.

[89] LI H, LIN Z C. Accelerated proximal gradient methods for nonconvex programming[C].

28th International Conference on Neural Information Processing Systems, Montreal, Canada, 2015, 379-387.

[90] LI G Y, PONG T K. Global convergence of splitting methods for nonconvex composite optimization[J]. SIAM Journal on Optimization, 2015, 25(4): 2434-2460.

[91] 李庆娜,李萌萌,于盼盼. 凸分析讲义[M]. 北京: 科学出版社,2019.

[92] 林宙辰,李欢,方聪. 机器学习中的加速一阶优化算法[M]. 北京: 机械工业出版社,2021.

[93] LIN Q, LU Z, XIAO L. An accelerated proximal coordinate gradient method[C]. 28th International Conference on Neural Information Processing Systems, Montreal Canada, 2014, 3059-3067.

[94] LIU R S, GAO J X, et al. Investigating bi-level optimization for learning and vision from a unified perspective: a survey and beyond[J]. IEEE Transactions on Pattern Analysis and Machine Intelligence, 2021, 44(12): 10045-10067.

[95] LIU R S, LIU X, et al. A value-function-based interior-point method for non-convex bi-level optimization [C/OL]. 38th International Conference on Machine Learning, Virtual Event, 2021.

[96] LU Z S, SUN Z, ZHOU Z R. Penalty and augmented Lagrangian methods for constrained DC programming[J]. Mathematical Operations Research, 2022, 47(3): 2260-2285.

[97] LUO L, CHEN Z H, ZHANG Z H. A proximal stochastic Quasi-Newton algorithm [OL]. https://arxiv.org/pdf/1602.00223v2.pdf.

[98] 马昌凤. 最优化方法及其 Matlab 程序设计[M]. 北京: 科学出版社,2010.

[99] MADRY A, MAKELOV A, et al. Towards deep learning models resistant to adversarial attacks[Z/OL]. 2019, arXiv:1706.06083.

[100] NESTEROV Y. A method for solving the convex programming problem with convergence rate $O(1/k^2)$[J]. Doklady Akademii Nauk Sssr, 1983, 269: 543-547.

[101] NEMIROVSKI A. Prox-method with rate of convergence $O(1/t)$ for variational inequalities with Lipschitz continuous monotone operators and smooth convex-concave saddle point problems[J]. SIAM Journal on Optimization, 2005, 15(1): 229-251.

[102] NESTEROV Y. Lectures on convex optimization (2nd edition) [M]. Finelybook, Springer, 2018.

[103] NITANDA A. Stochastic proximal gradient descent with acceleration techniques[C]. 28th

International Conference on Neural Information Processing Systems, Montreal, Canada, 2014, 1574-1582.

[104] NOCEDAL J, WRIGHT S J. Numerical Optimization (2nd edition) [M]. Springer, New York, USA, 2006.

[105] OCHS P, BROX T, POCK T. iPiasco: Inertial proximal algorithm for strongly convex optimization [J]. Journal of Mathematical Imaging and Vision, 2015, 53: 171-181.

[106] OLIVEIRA W D. The ABC of DC programming [J]. Set-Valued and Variational Analysis, 2020, 28: 679-706.

[107] OUYANG Y Y, CHEN Y M, et al. An accelerated linearized alternating direction method of multipliers [J]. SIAM Journal on Imaging Sciences, 2015, 8(1): 644-681.

[108] OUYANG Y Y, XU Y Y. Lower complexity bounds of first-order methods for convex-concave bilinear saddle-point problems [J]. Mathematical Programming, 2021, 185(1): 1-35.

[109] PEACEMAN D W, RACHFORD Jr H H. The numerical solution of parabolic and elliptic differential equation [J]. Journal of the Society for Industrial & Applied Mathematics, 1955, 3: 28-41.

[110] PENG Y G, ARVIND G, et al. Rasl: robust alignment by sparse and low-rank decomposition for linearly correlated images [J]. IEEE Transactions on Pattern Analysis and Machine Intelligence, 2012, 34(11): 2233-2246.

[111] PETERSON D W. A review of constraint qualifications in finite-dimensional spaces [J]. SIAM Review, 1973, 15(3): 639-654.

[112] POLYAK B T. Some methods of speeding up the convergence of iteration methods [J]. USSR Computational Mathematics and Mathematical Physics, 1964, 4(5): 1-17.

[113] POLAK E. Optimization algorithm and consistent approximations [M]. Springer, New York, USA, 1997.

[114] RAKHLIN A, SHAMIR O, SRIDHARAN K. Making gradient descent optimal for strongly convex stochastic optimization [C]. 29th International Conference on Machine Learning, Edinburgh, UK, 2012, 1571-1578.

[115] REDDI S J, HEFNY A, et al. Stochastic Variance Reduction for Nonconvex Optimization [OL]. 2019, arXiv: 1603.06160.

[116] ROBBINS H, MONRO S. A stochastic approximation method [J]. The Annals of

Mathematical Statistics, 1951, 22(3): 400-407.

[117] ROCKAFELLAR R T. Convex Analysis[M]. Princeton: Princeton University Press, 1996.

[118] SABACH S, TEBOULLE M. Faster Lagrangian-based methods in convex optimization[J]. SIAM Journal on Optimization, 2022, 32(1): 204-227.

[119] SADIEV A, BEZNOSIKOV A, et al. Zeroth-order algorithms for smooth saddle-point problems[OL]. 2021, arXiv: 2009.09908.

[120] SCHMIDT M, ROUX N, BACH F. Convergence rates of inexact proximal-gradient methods for convex optimization[C]. 24th Conference on Neural Information Processing Systems, Granada, Spain, 2011,1458-1466.

[121] SCHMIDT M, ROUX N, BACH F. Minimizing finite sums with the stochastic average gradient[J]. Mathematical Programming, 2017, 162: 83-112.

[122] SHALEV-SHWARTZ S, ZHANG Z. Proximal stochastic dual coordinate ascent[OL]. http://arxiv.org/abs/1211.2717v1.

[123] SHALEV-SHWARTZ S, ZHANG Z. Proximal stochastic dual coordinate ascent methods for regularized loss minimization[J]. Journal of Machine Learning Research, 2013, 14: 567-599.

[124] SHALEV-SHWARTZ S, SINGER Y, et al. Pegasos: primal estimated sub-gradient solver for SVM[J]. Mathematical Programming, 2011, 127(1): 3-30.

[125] SHENG D, WEI Y H, et al. Convolutional neural networks with fractional order gradient method[J]. Neurocomputing, 2020, 408: 42-50.

[126] SHI Z Q, LIU R J. Large scale optimization with proximal stochastic Newton-type gradient descent[DB/OL]. Machine Learning and Knowledge Discovery in Databases 9284, Springer, New York, 2015, 691-704.

[127] STACKELBERG H V. Marktform Und Gleichgewicht[M]. Springer, Berlin Heidelberg, 1934.

[128] STEPHAN D. Foundation of bilevel programming[M]. Bostion: Kluwer Academic Publishers, 2010.

[129] SUVRIT S, SEBASTIAN N, WRIGHT S J. Optimization for machine learning[M]. MIT Press, Cambridge, Massachusetts, London, England, 2012.

[130] SUZUMURA S, OGAWA K, et al. Homotopy continuation approaches for robust SV classification and regression[J]. Machine Learning, 2017, 106: 1009-1038.

[131]TAO P D, Souad E B. Algorithms for solving a class of nonconvex optimization problems. Methods of subgradients[J]. North-Holland Mathematics Studies, 1986, 129: 249-271.

[132]TAO P D, HOAI L T. Convex analysis approach to DC programming: theory, algorithms and applications[J]. Acta Mathematica Vietnamica, 1997, 22(1): 289-355.

[133]TIAN W Y, YUAN X M. An alternating direction method of multipliers with a worst-case $O(1/n^2)$ convergence rate[J]. Mathematics of Computation, 2019, 88(318): 1685-1713.

[134]TSENG P, YE Y Y. On some interior-point algorithms for nonconvex quadratic optimization[J]. Mathematical Programming, 2002, 95: 217-225.

[135]TRAN-DINH Q, PHAM N H, et al. A hybrid stochastic optimization framework for composite nonconvex optimization [J]. Mathematical Programming, 2022, 192: 1005-1071.

[136]TSENG P. On accelerated proximal gradient methods for convex-concave optimization[R]. University of Washington, Seattle, 2008.

[137]TUY H. Concave programming with linear constraints[J]. Doklady Akademii Nauk SSSR, 1964, 159(1): 32-35.

[138]VAPNIK V N, LERNER A Y. Recognition of patterns with help of generalized portraits [J]. Avtomat. i Telemkh., 1963, 24(6): 774-780.

[139]WANG F H, XU Z B, XU H K. Convergence of Bregman alternating direction method with multipliers for nonconvex composite problems[OL]. 2014, arXiv: 1410.8625.

[140]WANG M, LIU J, FANG E. Accelerating stochastic composition optimization[C]. 30th Conference on Neural Information Processing Systems, Barcelona, Spain, 2016, 1714-1722.

[141]WANG X, WANG S X, ZHANG H C. Inexact proximal stochastic gradient method for convex composite optimization[J]. Computational Optimization and Application, 2017, 68: 579-618.

[142]WANG J, WEN Y Q, et al. Fractional-order gradient descent learning of BP neural networks with Caputo derivative[J]. Neural Networks, 2017, 89: 19-30.

[143]王奇超,文再文,蓝光辉,袁亚湘. 优化算法复杂度分析简介[J]. 中国科学:数学, 2020,50(9): 144-209.

[144]WEN B, CHEN X J, PONG T K. A proximal difference-of-convex algorithm with

extrapolation[J]. Computational Optimization and Application, 2018, 69(2): 297-324.

[145]WOODSEND K. Using interior point methods for large-scale support vector machine training[D]. PhD thesis, University of Edinburgh, Scotland, UK, 2009.

[146]XI X M, HUANG X L, et al. Coordinate descent algorithms for ramp loss linear programming support vector machines[J]. Neural Processing Letters, 2016, 43: 887-903.

[147]XIAO L, ZHANG T. A proximal-gradient homotopy method for the l_1-regularized least-squares problems[C]. 29th International Conference on Machine Learning, Edinburgh, Scotland, UK, 2012, 839-846.

[148]XIAO L, ZHANG T. A proximal stochastic gradient method with progressive variance reduction[J]. SIAM Journal on Optimization, 2014, 24(4): 2057-2075.

[149]XIAO Y, CHENG L, et al. A generalized alternating direction method of multipliers with semi-proximal terms for convex composite conic programming [J]. Mathematical Programming Computation, 2018, 1: 1-23.

[150]续志明,刘匡宇, 等. 连续分片线性规划问题的山顶投影穿山法[J]. 清华大学学报(自然科学版),2017,57(12): 1265-1271.

[151]徐姿,张慧灵.非凸极小极大问题的优化算法与复杂度分析[J]. 运筹学学报,2021, 25(3): 74-86.

[152]XU Z, ZHANG H L, et al. A unified single-loop alternating gradient projection algorithm for nonconvex-concave and convex-nonconcave minimax problems [J]. Mathematical Programming, 2023, doi: 10.1007/s10107-022-01929-z.

[153]YE J J, ZHU D L. New necessary optimality conditions for bilevel programs by combining the MPEC and value function approaches[J]. SIAM Journal on Optimization, 2010, 20(4): 1885-1905.

[154]袁亚湘,孙文瑜. 最优化理论与方法[M]. 北京: 科学出版社,1997.

[155]袁亚湘. 非线性优化计算方法[M]. 北京: 科学出版社,2008.

[156]ZHANG T. Solving large scale linear prediction problems using stochastic gradient descent algorithms[C]. 21st International Conference of Machine Learning, Alberta, Canada, 2004, 919-926.

[157]张淑婷.有限、半无限和广义半无限极大极小问题的若干算法[D].长春:吉林大学,2006.

[158]ZHANG T, XIAO L. Proximal stochastic gradient method with progressive variance

reduction[J]. SIAM Journal on Optimization, 2014, 24(4): 2057-2075.

[159]ZHANG R L, KWOK J T. Asynchronous distributed ADMM for consensus optimization [C]. 31st International Conference on Machine Learning, Beijing, China, 2014, 1701-1709.

[160]ZHANG J W, XIAO P J, et al. A single-loop smoothed gradient descent-ascent algorithm for nonconvex-concave min-max problems[Z/OL]. 2022, arXiv: 2010.15768.

[161]ZHONG W, KWOK J. Accelerated stochastic gradient method for composite regularization [C]. 17th International Conference on Artificial Intelligence & Statistics, Reykjavik, Iceland, 2014, 1086-1094.

[162]ZHU S K, LI J, TEO K L. Second-order Karush-Kuhn-Tucker optimality conditions for set-valued optimization[J]. Journal of Global Optimization, 2013, 58(4): 673-692.